宝石を楽しむ

ルース コレクターズ・マニュアル

なかがわ

Loose Stone collector's manual

創元社

はじめに

はじめまして。ルースコレクター歴20年のなかがわです。

「ルース」という言葉をご存知の方がどれくらいいらっしゃるでしょうか。本書を手に取ってくださった方なら、もうその名称くらいは耳にしたことがあるかもしれませんが、簡単に言えば、ルースはカット（研磨《けんま》）しただけの宝石です。

２０１８年に鉱物コレクターのいけやま。さんが『マンガでわかる鉱物コレクターズ・マニュアル』（創元社）を上梓されました。本書はそれに続く、ルースコレクターのためのマニュアル本として企画されたものです。

なぜルースのコレクターズ・マニュアルが必要なのでしょうか。それは、ルースは鉱物とは違い、カットという人の手が入るものだからです。人の手が入るため、そこには必ず良し悪しが生じます。そして、ルースは自分の好みとは別に良し悪しで評価されます。そのため、どのように評価され、どのようによいルースを選べばよいかを知る必要があります。ルースがどのように評価されているかを知ることが、ルース収集を楽しむうえで重要になるのです。

ジュエリーの視点から宝石を解説した本はすでにありますが、ルースコレクターには不十分な内容です。ところが、管見のかぎりルースにかんする本は図鑑しかありません。貴重な宝石の写真は見ることができても、それを「どこで買えばよいのか」「どのように選べばよいのか」といったことを説明する本は見当たりません。そして、いまではネットショップで買うことが当たり前になりつつありますが、そのための十分な説明も見当たりません。本書ではこの点についても解説しています。

この本には、ルースの良し悪しを見極めたうえで、適切な価格で、ニセモノをつかまされないように、気持ちよく買い物をしてもらうことができるよう、私のコレクターとしての経験や知識をわかりやすくまとめました。奥深く魅力的なルースの世界を健全に楽しむために、本書を役立てていただければ幸いです。

もくじ

装丁組版　森　裕昌
撮影協力　山寄明洋
イラスト　いけやま。
図版作成　田中　聡

第 1 部

ルースコレクターになろう

（初級編）

第1章 石について知ろう

1 ルースとは何か

ルースとは、簡単にいうとカット（研磨）しただけの宝石です。枠や台に留められてジュエリーやアクセサリーになる前のもので、「カット石」や「裸石《らせき》」と呼ぶ人もいます。石に穴を開けたビーズや、表面を磨いただけのタンブルとは異なります。

●ルースと鉱物の違い

ルースと鉱物の違いをひとことで言えば**カットの有無**です。石の輝きを引き出すためにカットしたものがルースです。また、カットは人の手によるものなので、当然ながら優劣が生じます。**それぞれの個体の優劣がある程度はっきりするのがルースと鉱物のもっとも大きな違い**だと考えています。大雑把《おおざっぱ》にいうと、いいルースとダメなルースがあるということです。

また、カットする前の原石の状態が悪くても、研磨で欠点をカバーして見事なルースに仕上げることが可能です。ルースでしか表現できない姿があるということも忘れないでください。【1−1、2】

上／1-1：色だまりを生かしたモンタナサファイア（ただし、このタイプは価値が低め。Rock Creek, Montana, U.S., 0.79ct）

右上／ 1-3：硬度が低くカットの難しいキュープライト(Wessels Mine, Hotazel, South Africa, 1.03ct)
左上／ 1-4：ウランガラス (Bohemia, Czech, 0.64ct)。めずらしいバイカラー
下／ 1-5：ラウンドカットのシリコン (Silicon Valley, U.S., 5.49ct)

●ルースとなる石の種類

どんな鉱物もカットしてルースになるかというと、実はそうではありません。あとで説明しますが、鉱物によってカットに向き不向きがあるからです。

ルースコレクターが扱う石の種類は鉱物コレクターが扱う種類より少なく、だいたい200種類程度といわれています。鉱物が5000種類ほどなので、約25分の1です。しかし、通常ルースとして扱わない（研磨向きではない）鉱物のカットに挑戦する職人がいるので、ルースになる鉱物の種類は少しずつ増えています【1-3】。

また、コレクターの収集するルースは鉱物をカットしたものとは限りません。金鉱石など鉱石をカットしたものもあれば、ウランガラス【1-4】や半導体材料をカットしたルースなどもあります【1-5】。鉱物コレクターやジュエリー（宝飾品）コレクターの関心の及びにくいルースが見られるようになってきました。

では、鉱物をルースにするにはどのような条件が必要なのでしょうか。それは、カットできる大きさと強さです。小さな結晶しか存在しないものや、脆《もろ》すぎる鉱物はルースに加工することはできません。

そして、カットに耐えられても、加工にともなう熱や衝撃に耐えられないものはジュエリーにはなりません。そのため、ルースコレクターはジュエリーのコレクターより多くの種類を扱うことになります。

2　宝石とは何か

●宝石の定義

宝石は、「**美しさ**」「**希少性**」「**耐久性**」の3点を満たすものとされています。

この宝石の定義は、ジュエリーに加工することを考えれば合理的です。身に着ける目的であれば、程よく色の美しいものや、見栄えが良いものを選ぶのは当たり前です。装飾品であるという点では、一般的には、素材に希少性がなければ大した価値にはなりません。そして、熱や衝撃への耐久性がなければジュエリーには加工できません。

●ジュエリーの価値とルースの価値は異なる

これまでの定義どおりに考えると、たとえば色の濃すぎるルースはジュエリーにするには見た目に劣《おと》り、クラック（ルースの亀裂）のあるルースは加工するとき破損してしまうおそれがあるので、こういったものはネガティブな評価になります。

しかし、必ずしもジュエリーに加工することを前提としないルースコレクターにとっては、宝石の定義や価値の意味はずいぶんと変わってきます。

たとえば、レアストーン（第5章参照）を集め続けるコレクターにとっては「希少性」がとくに重要な意味を持ち、「耐久性」はカットに耐えられるかで判断され、逆に「美しさ」の持つ意味は薄くなります。あるいは美しいルースを集めたいという人にとっては、色合いやカットの技術が重要で、希少性は二の次になるでしょう。ルースの集め方（第8章参照）はいろいろあるので、宝石の定義や評価の基準にしばられることなく自由に集めたいものです。

●好みと評価は別もの

ルースにかぎったことではありませんが、**自分の好みと良し悪しの評価は別のもの**です。「モーツァルトの曲は私の好みじゃないから駄作だ」というのは的外れでしょう。「モーツァルトの作品は私の好みではないけれども、素晴らしい」というのが、妥当な姿勢であるように、ルースにも評価の基準があります。

このことをポジティブに捉えるとルースが集めやすくなるかもしれません。ルースの見分け方については後述しますが、たとえば、色の淡いルースと色の鮮やかなルースであれば、一般的には後者のほうが価値のあるものとされるため価格は高くなります。もしあなたが淡い色を好むのであれば、市場での評価の低いルースを安く買うことができるということです。市場での評価はおおむね一定の基準にそったものであり、自分の好みのルースに安い値がつけられることもあります。評価の低いルースを買うことは決して悪いことではありません。重要なことは、**それぞれのルースの適切な評価を知ったうえで、好みのルースを適切な価格で買う**ことです。

「かわいい」石？

日本では、ルースの需要を国内だけでまかなうのは不可能です。国内の業者は、直接的であれ間接的であれ、必ず海外の市場のお世話になります。日本人が買い付けでお世話になる海外の業者は「美しい」「素敵な色」といいながらルースを勧めてきます。売り文句に「かわいい」という言葉を使う業者はまずいません。海外ではあくまでも従来どおりの宝石の定義をふまえたような価値判断でルースに値付けします。

にもかかわらず、ここ最近、日本においては「かわいい」かどうかでルースを評価する人がとくにSNSを中心に増えています。そのため、従来では商品扱いされなかったような粗悪なルースを「かわいい」というあいまいな表現で価値のあるもののように評し、高値で売りつける業者も散見されるようになりました。

ダメなルース

ダメなルースとはどのようなものでしょうか。

ルースの評価基準に照らせば、色むら、インクルージョン（ルースの中の不純物）やクラックといった美しさを損ねる要素を含むもの【1-6】やカットの悪いもの【1-7】はネガティブな評価になります（第4章参照）。

そうしたネガティブな要素の多いダメなルースに、擬態語《ぎたいご》をつけたり、食べ物や風景などにたとえたりすること

右／ 1-6：クラックのあるサンストーン
左／ 1-7：エッジの傷ついたサファイア

で、付加価値をつけて売ろうとする業者がいるのです。ほかにも、色むらをバイカラーと呼ぶなど、悪質なのか単に知識がないのか判然としない業者があちこちに潜んでいるようです。

繰り返しになりますが、**ネガティブに評価されるようなルースを好むこと自体はまったく問題ありません**。あえてインクルージョンの目立つルースを集めるコレクターなどもいます。重要なことは、**本来は値段がつかないほど安いものを高値で売りつける業者から買わないようにする**ことです。

●良いルース

どのようなものが良いルースとされるのでしょうか。それは、おおむね以下の条件を満たすものです。

①鮮やかな色
②高い透明度
③正確なカット
④インクルージョンやクラックが見当たらない

それぞれの詳細については第4章で説明します。各々の好みはどうあれ、ルースを買うときに価格の妥当性を判断するために知っておくとよい基準です（④は②に含めることのできる項目ですが、説明をわかりやすくするため別の項目としています）。

ＳＮＳなどインターネットで流れてくる画像や、ミネラルショーで「高品質」とされているルースを見ていて気になるのは、上記の４つの条件を満たしているものが少なく、とりわけ③を満たさないものが目立つということです。正確にカットされたルースはたった５％、あるいはもっと少ないと言う人もいます。

また、原石は良質なものだったのに、カットで台無しになってしまうもったいないルースも相当あります。そこそこ名の知れた業者でも平気でそのようなルースの写真をアップしていることがあります。

昨今の状況をみていると、このようなルースを評価する基準のあることが忘れられているように思います。とりわけネガティブな評価があいまいにされているように感じています。

●貴石と半貴石

宝石は大きく**貴石**と**半貴石**に分けられます。ただ、そこに明確な線引きや定義はありません。一般的にはダイヤモンド、ルビー、サファイア、エメラルドが四大宝石として珍重されており、これにアレキサンドライトを加えたものを貴石と呼ぶことが多いです。それ以外のものが半貴石となります。

貴石の基準は希少価値や耐久性（硬度が高い）といわれていますが、そもそもこの基準はいい加減なものです。たとえば、ダイヤモンドに希少価値などありません。どれだけ出回っているかを考えればわかります（婚約指輪はたいていダイヤモンドです）。エメラルドの多くは耐久性に劣ります。その多くはオイル処理をしなければならないものです。

また、貴石とされるものの多くは歩留《ぶど》まりを重視する（原石からの重さの減少をできるだけ少なくする）ため、丁寧《ていねい》にカットされません。ダイヤモンドはカットがルースの評価基準になっているので（第4章参照）丁寧にカットされますが、それ以外の貴石は雑なカットのルースが目立ちます。カットの雑なルースは、たとえ貴石であっても美しくはありません。むしろ、丁寧にカットされた半貴石のほうが美しいかもしれません。

貴石と半貴石の区別はルースコレクターにとっては、まったく必要のないものであると思います。この区別にとらわれないでルースを集めたいものです。

●宝石の資産的価値

宝石というと高級なイメージがあるかもしれませんが、世界的に有名なオークションでやり取りされるような高額のものでないかぎり資産にはなりません。ネットショップやミネラルショーで手軽に買えるものでも単体で抵当権は設定できるそうですが、とても資産とはいえません。

そもそもコレクションという趣味の世界に資産的価値を求めるのはナンセンスでしょう。テレビ番組でルースの価格が強調されることがあったので、勘違いされないようあえて言及しました。

●本書で扱う宝石

本書ではダイヤモンド以外の色石（カラーストーン）を中心に話を進めます。ダイヤモンドにはほとんど言及しません。

また、あくまでルースコレクターのための本なので、**ルースをルースのままで楽しむことを前提として**、選び方などを解説しています。そのため、たとえばアクセサリーに加工すればカバーできるものであっても、ルースのままで楽しむにはネガティブな要素は欠点として捉えて話を進めていきます。

そして、本書は宝石そのものの性質を解説するものではありません。「どこで買うか」「どのように選べばよいか」などを説明するハウツー本です。宝石そのものについて知りたい方は、巻末の「ルースコレクターのための情報源」を参照してください。

第2章 ルースを楽しもう

1　カットの種類

原石にカットが施されてルースになります。カットの種類は多数ありますが、主なものを覚えておくと役に立ちます【2-1】。

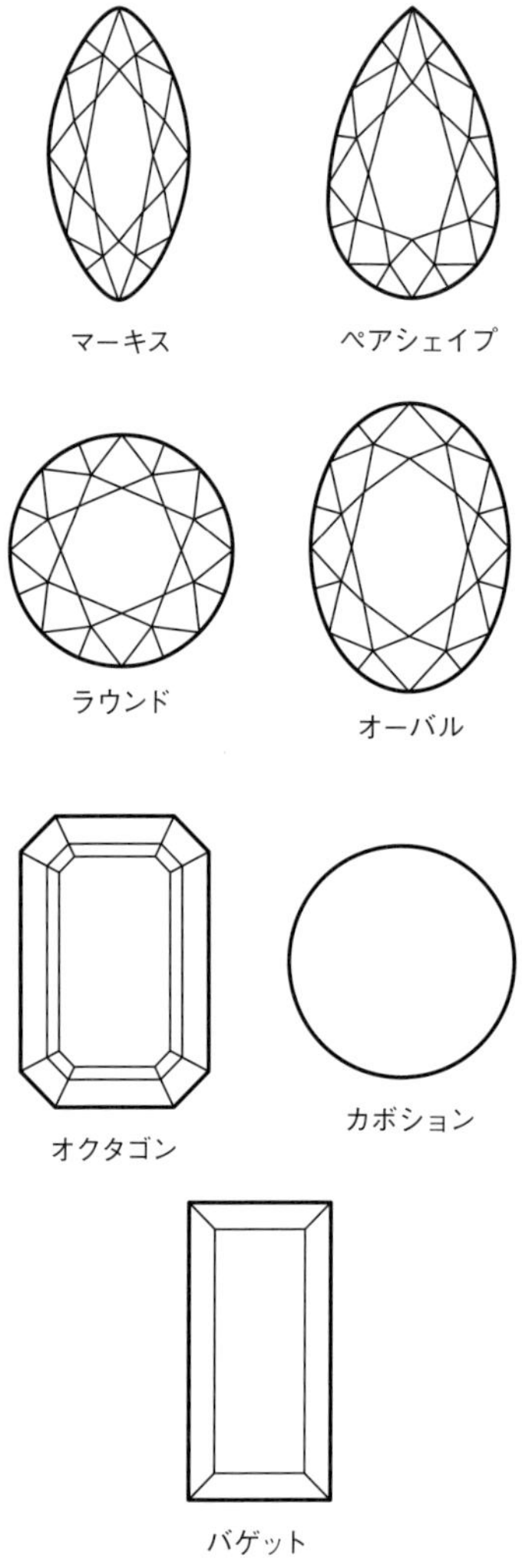

2-1：おもなカットの種類

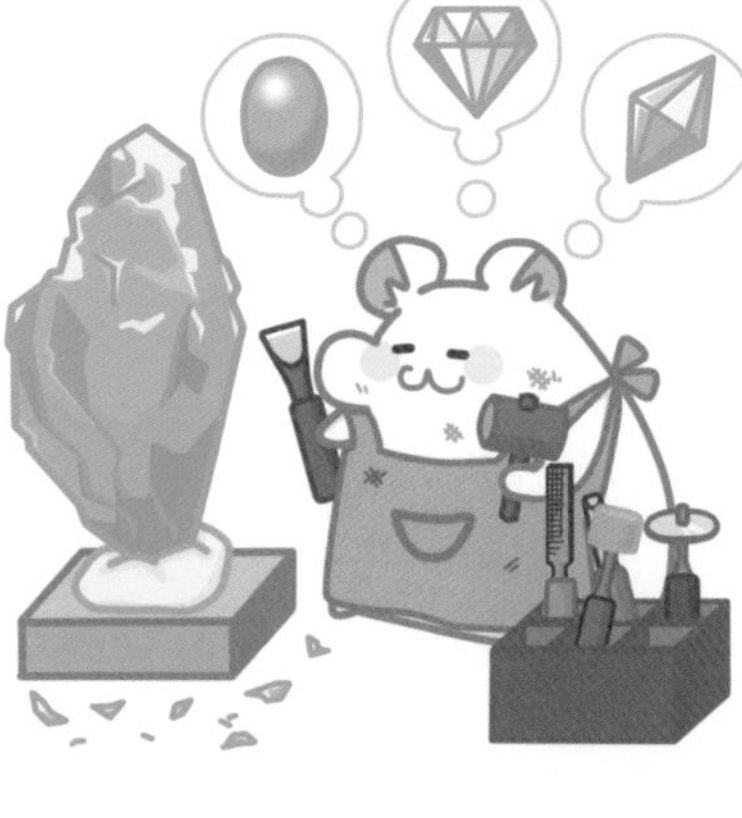

●各部の名称

カットされたルースの各部には名称があります【2-2】。取引のときによく使いますし、本書でもこれらの用語を用いて説明するので、主な部位は覚えておいてください。

2 いろいろなカットを楽しもう

ルースのことを、たんに「原石をカットした枠にとまっていない宝石」と思っていませんか。先述のとおりカットの種類には相当な数があり、いろいろなデザインのカットが生みだされています。カットされる宝石の種類も増え続け、ルースはそれだけで楽しめる工芸品とみることができるものでしょう【2-3～6】。これらの特殊なカットの施《ほどこ》されたルースは半貴石（16頁参照）ばかりです。日本では半貴石というと安価で冴《さ》えないものと思われがちですが、半貴石であっても丁寧なカットが施されていれば貴石に劣らず輝くものなのです。

また、テクニックもセンスも素晴らしい高名なカッターの手がけたルースは、半貴石であっても大変高額なものとなり、芸

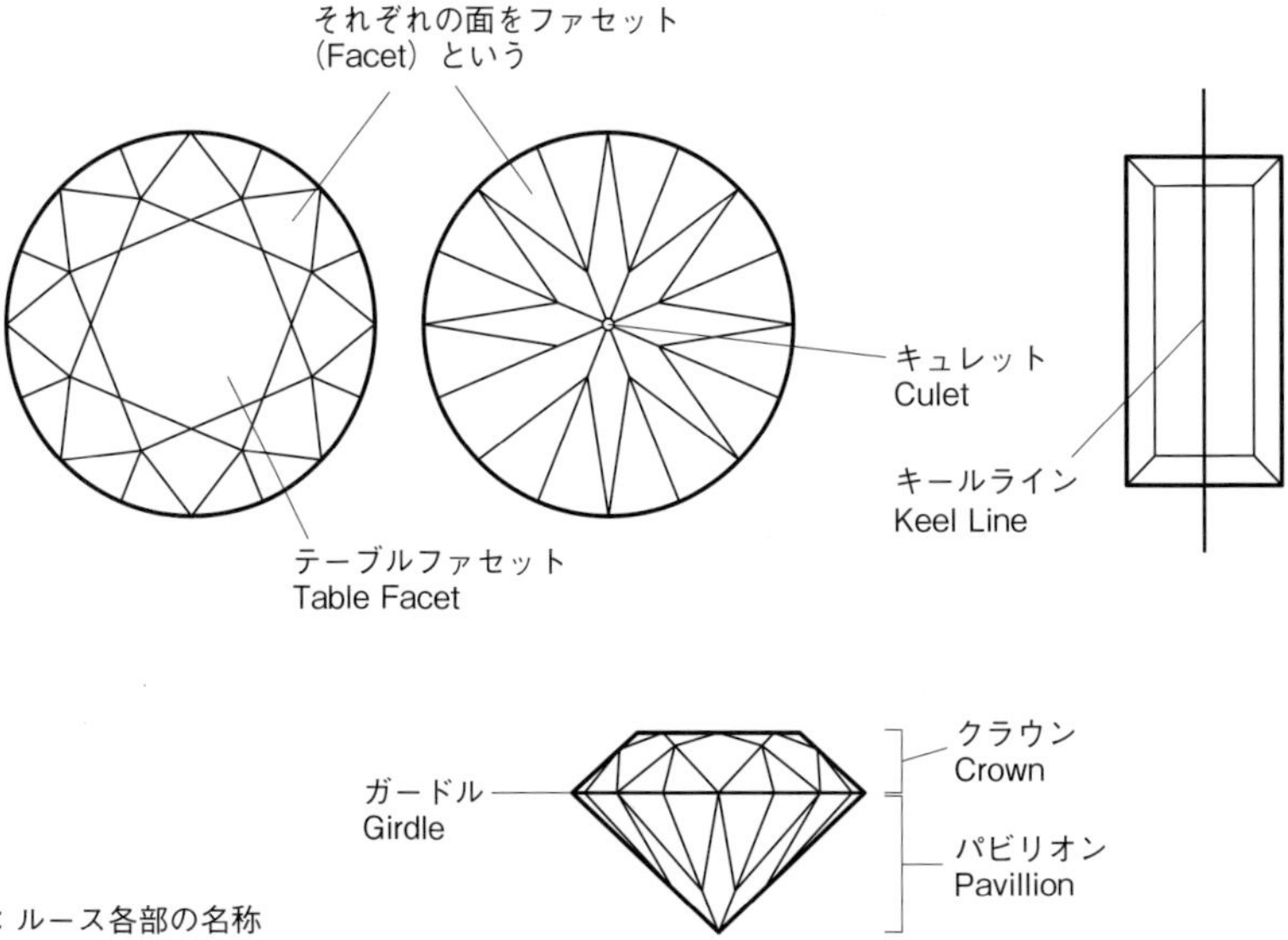

2-2：ルース各部の名称

右上／ 2-3：ゾイサイト（サパンナタンザナイト、Arusha, Tanzania, 1.13ct）
左上／ 2-4：ピクセルカットのトルマリン（Congo, 2.84ct）

術作品のように扱われます。

残念ながら日本国内では特殊なカットのルースを購入することは難しいのが現状ですが、欧米では多く出回っています。海外のミネラルショーやネットショップで個性的なルースを購入することができます。なかにはインスタグラムなどＳＮＳで販売しているカッターもいます。こういった特殊なカットのルースにも目を向けてみてはどうでしょうか。

3　ルースの特徴と特殊効果について

ルースの特徴を説明するときに頻出する用語と、それに関連する特殊効果について説明しておきます。とくに重要なのは「**インクルージョン**」と「**クラック**」です。この２つは忘れてはいけない用語です。また、色の特殊効果も忘れてはなりません。「**カラーチェンジ**／**カラーシフト**」「**遊色**」「**多色性**」の３つを知っておく必要があります。

●インクルージョン

インクルージョンとはルースの内部の不純物をいいます。ある宝石が別の種類の鉱物や金属を取り込んでいることもあれば【2-7】、液膜《えきまく》が広がっていることもあり、さまざまな様相をみせてくれます。インクルージョンが規則正しく並んだときにはシャトヤンシー（キャッツアイ）が現れます。

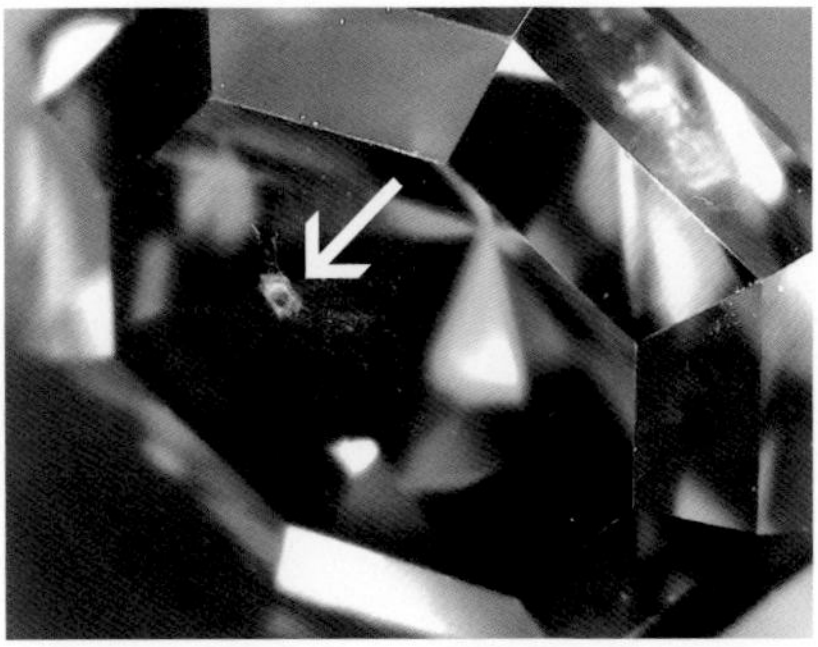

2-7：サファイアのインクルージョン
(Vatomandry, Madagascar, 1.13ct)

●クラック

クラックとは内部の亀裂《きれつ》です。宝石に何らかの圧力がかかったときに生じます。クラックはルースの弱点（リスク）でしかありません。そのため、ジュエリーに加工するのであれば注意が必要です。

クラックがあるとレインボー（虹のように光る状態）になることがあります。これを美しいものであるかのようにアピールする業者がいますが、レインボーがあるということはルースにクラックという弱点があることを意味しているだけです。ルースとして楽しむのであればさほど神経質になる必要はありませんが、原則としては買わないのが賢明な判断です。

●カラーチェンジ／カラーシフト

どちらも光の種類によってルースの色が変わることをいいます。カラーチェンジは寒色〜暖色の変化、カラーシフトは寒色〜寒色または暖色〜暖色の変化をいいます。

とりわけアレキサンドライトが有名で蛍光灯では青緑、白熱光では赤紫に色が変わります【2-8】。ほかにもガーネット、サファイア、スピネル、トルマリンなど、さまざまな宝石でみられます。

●遊色

遊色とはオパールにみられる独特の色合いをいいます。虹のような鮮やかな色彩が現れることをいいます。すべてのオパールで遊色がみられるわけではありません。遊色のないオパールをコモンオパール、遊色の見られるものをプレシャスオパールといって区別します【2-9】。なお、ここでは、遊色がわかりやすいよう黒い背景で撮影しています。

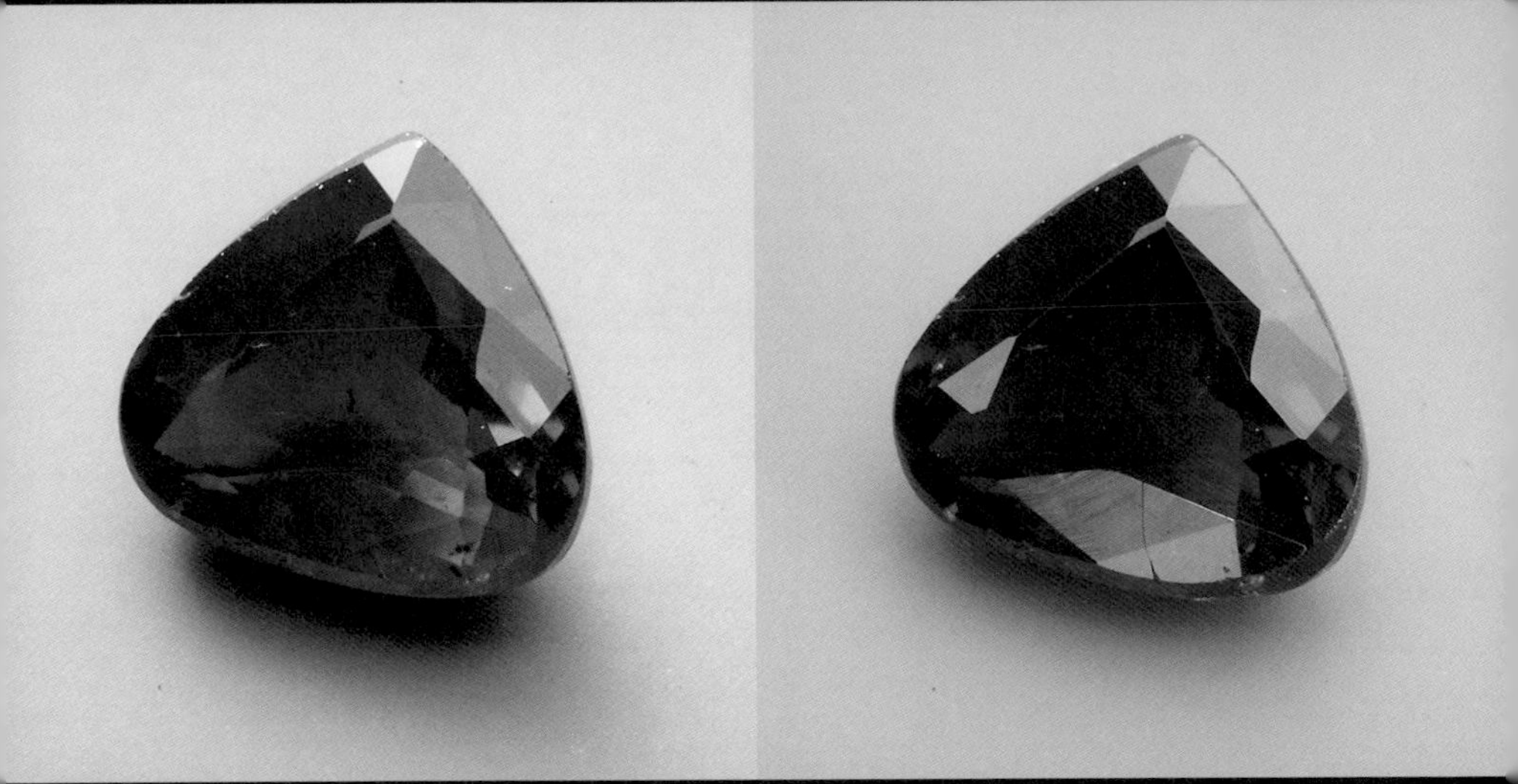

2-8：蛍光灯（右）と白熱灯（左）で見るアレキサンドライト（Hematita, Minas Gerais, Brazil, 0.68ct）

右／2-9：オパールの遊色（Lightning Ridge, Australia, 1.40ct）
左／2-10：オレンジとパープルが観察できるゾイサイト（サバンナタンザナイト、Arusha, Tanzania, 1.13ct）

●多色性

多色性とはルースを見る向きを変えると、色が違って見えることをいいます【2-10】。程度の差はありますが多くの宝石でみることができ、鑑別のときにチェックされる項目でもあります。アイオライトがよく知られていますが、ほかにもベニトアイトやアンダリュサイトも多色性の観察しやすい宝石として有名です。

4　ルースを扱う道具

●持っていると便利な道具

ルーペ

ルーペといってもピンキリですが、ルースを観察するときには、トリプレットタイプで倍率は10倍、レンズの周りがグレーや黒のものがよいとされています。高額なものでなくても問題ありません。

ピンセット

必須ではありませんが、扱えるようになっておくことが望ましいものです。ルースの種類によってはピンセットではなく素手で扱うことが望ましいものもあります。なかには竹製のピンセットを使っている人もいます。ピンセットの扱いを誤るとルースの破損につながるので、注意が必要です。硬度の低いものには使わないようにしましょう。

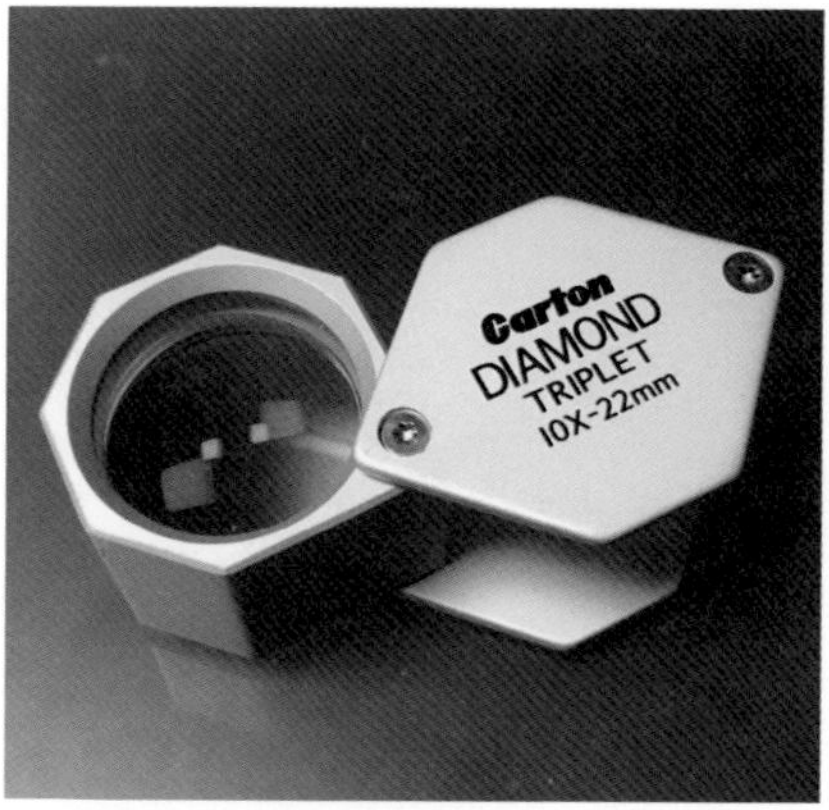

ルーペ

セーム革・シリコンクロス

素手でルースをつかんだ後は布で拭きましょう。

トレイ

割れやすいルースをガラスやテーブルの上で扱うのは破損のおそれがあるので避けましょう。トレイの上で扱うことを推奨します。

ペンライト

ルースを観察するときに使います。できれば白熱球のものを選び、ＬＥＤのものは避けましょう。

ハンディデイライト

ルースを観察するときに使います。屋内でも屋外と同じような光で観察することができます。

ＵＶライト

蛍光するルースを楽しむために使います。また、蛍光の有無が鑑別の手がかりになることもあります。

●ルーペの使い方

下図参照。

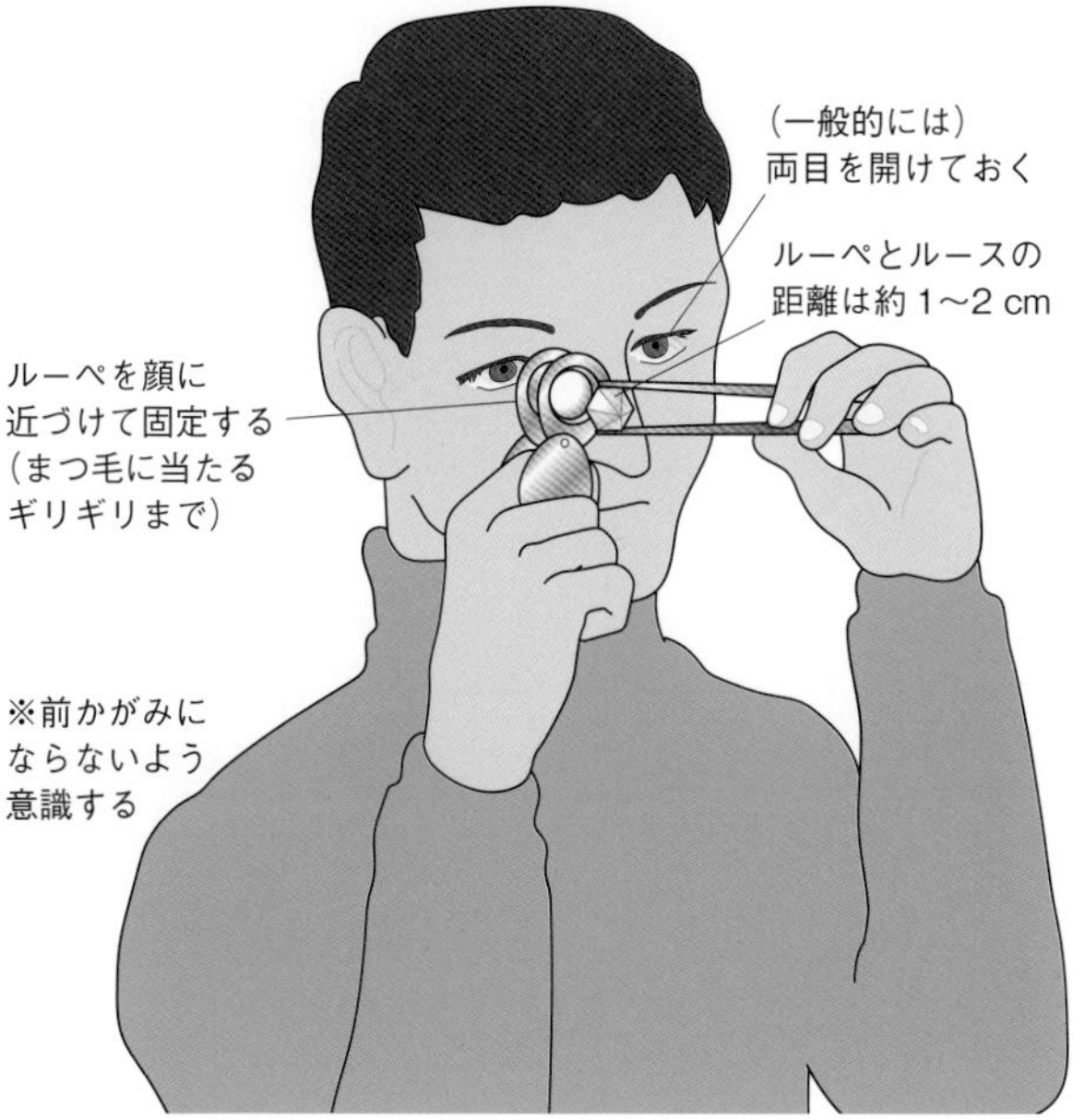
(一般的には)
両目を開けておく
ルーペとルースの
距離は約 1〜2 cm
ルーペを顔に
近づけて固定する
(まつ毛に当たる
ギリギリまで)
※前かがみに
ならないよう
意識する

ルーペの使い方

●ピンセットの使い方

写真のようにストッパーと溝のついたピンセットが扱いやすいのでオススメです。

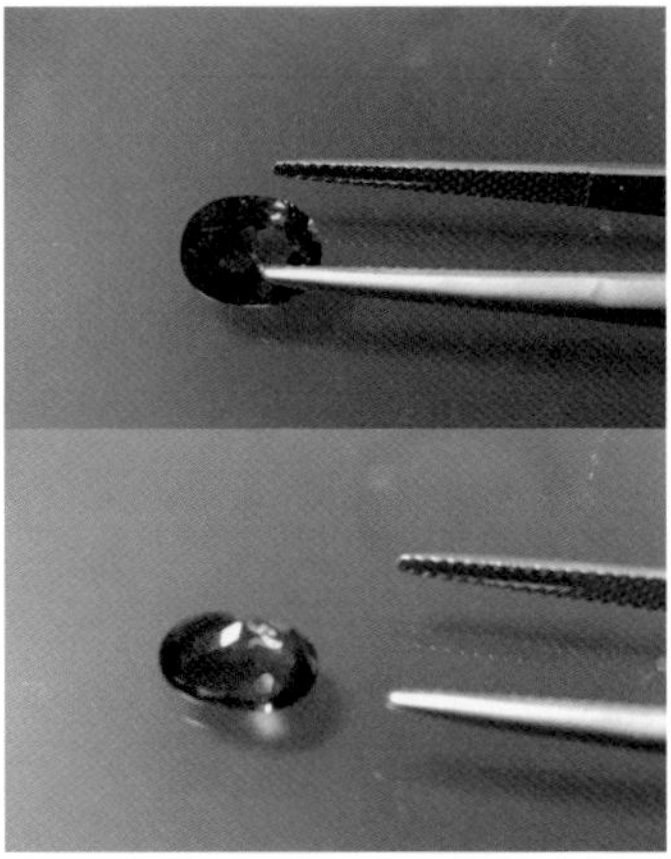

テーブル側が下にくるようにルースをひっくり返す

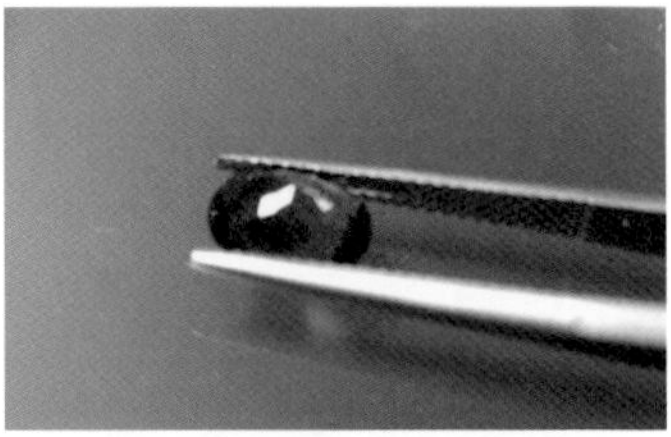

溝をガードルに合わせる

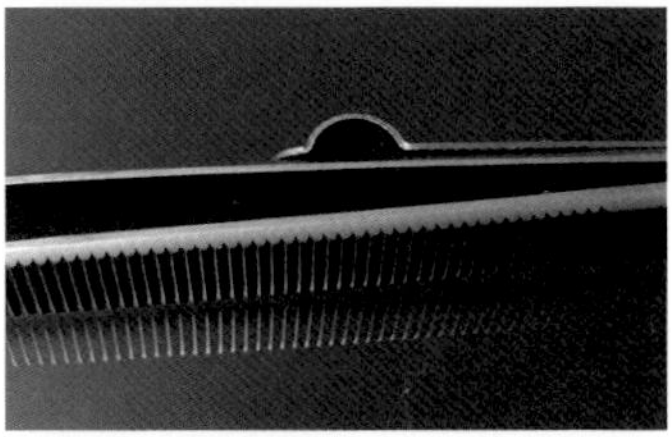

ストッパーで固定する

ルースを持ち上げる

5　産地とラベル

鉱物を購入すると、石の種類や産地を記した**ラベル**（標本ラベル）が商品に添付されます。いけやま。さんの著書『鉱物コレクターズ・マニュアル』にあるように、鉱物コレクターにとっては、ラベルは鉱物の血統書ともいうべき重要な情報とされています。

では、ルースではどうでしょうか。ルースにも産地を記したラベルが添付されている場合が多いです。とはいってもすべてのルースというわけではありません。ルースにかんしては、産地の表記は必須ではないのです。極端ないい方をすれば、美しければどこで採れたものでもいいのです。

●産地は特定できるのか

そもそも原石からカットすることは産地を特定する手がかりを削り落とすことなので、ルースの産地を記載したところで確証は持てません。鑑別機関によっては検査してもらえますが、その場合でも基本的には「産地推定」(たぶん○○産だろう)という扱いになります。また実際には検査を依頼するに際しては、ある産地のものが別の産地のものと判定されるような例外がしばしばみられることを知っておく必要があります。**現状では産地推定の検査に100%はない**のです。

今のところ産地を推定(あるいは特定)してもらえるのはスピネル、アレキサンドライト、パライバトルマリンなどきわめて限定された種類だけです。そのため、多くのルースについては、売り手がラベルに記した産地表記を信じるほかないというのが現状です。

とはいえ、おおまかな傾向はあります。たとえば、オーストラリアのサファイアは黒っぽいものが多く、スリランカのサファイアは淡いものが多い、といった具合です。世界各地から広く産出する宝石は産地ごとに個性があるので、同じ種類のルースを産地ごとに買い集めるコレクターもいます(第8章参照)。

●ラベルの扱い

ルースを買うと渡されるラベルには、宝石の種類、重さ、大きさ、場合によっては産地まで記載されています。

ここで重要なことは、買ったルースのラベルに産地まで記載されている場合は、ラベルもルースと一緒に保管するということです。種類や大きさは鑑別機関に持ち込めば後から調べてもらえますが、基本的に産地は後から調べることができません。先述のとおり、現状では産地を推定できる宝石の種類は大変限られているからです。

とはいっても、ラベルをなくしたところでルースの価値が大きく下がることはありません。ルースの評価は産地ではなく、美しさで決まるからです。産地が価格に大きく影響することは、あまりありません。

第3章 ルースを手に入れよう

ジュエリー、アクセサリー、パワーストーンを扱っているお店はどこにでもありますが、ルースを買えるお店はほとんど見当たりません。コレクターはいったいどこでルースを買っているのでしょうか。

私はミネラルショーと呼ばれるイベントで買うか、海外のマーケット（第9章参照）でルースを買っています。時にはネットショップを使うこともあります。国内のリアル店舗で買うことはほとんどありません。多くのコレクターも同じような買い方をしているはずです。

それぞれの購入方法についてみていきましょう。

1　リアル店舗に行ってみよう

ほとんど見当たらないとはいいましたが、ルースを買うことができるリアル店舗もあるにはあります。ほとんど見かけないのは、リアル店舗が東京の御徒町《おかちまち》という限られたエリアに集中しているからです。都内に住んでいればアクセスは容易ですが、地方から遠征するには時間もお金もかかってしまう場所です。

●東京・御徒町

東京の御徒町にはルースを扱うお店が集中しています。ただし、多くのお店はジュエリーに加工することを前提としてルースを販売しているので、このエリアで買えるルースの種類はジュエリーにできる種類にほぼ限られており、あまり人気のない種類やジュエリーにできないレアストーン（第5章参照）を見つけることは困難です。そのため、御徒町はルースコレクター向きの街とは思えません。また、ここで販売されるルースは産地表記のないものが多いです。加工が前提の場合はとくに見た目の美しさが最優先されるので、産地の表記は必須ではないからです（第2章参照）。

それに、御徒町周辺は卸専業（B to B）のお店が多く、一般のコレクターが入れないお店も少なくありません。しばしばテレビで取り上げられるエリアではありますが、思っているほど気軽に立ち寄れる場所ではないような気がします。私は都内で7年間暮らしましたが、御徒町で買ったルースはごくわずかです。ルースコレクターにとって御徒町は、ルースを買うというよりも、手持ちのルースを鑑別に出す（第6章参照）か、道具（第2章参照）を調達するのが主な目的となる場所ではないでしょうか。

もちろん、いいルースを扱っているお店はありますから、足を運ぶ価値は十分にあると思います。路面店ばかりでなく、ビルの階段を上がるといいことがあるかもしれません。

●東急ハンズ名古屋店

コレクターが気軽に立ち寄れて、まとまった商品数があるのは、名古屋の東急ハンズにあるサイエンスコーナー

「地球研究室」です。
誕生石からレアストーンまで幅広い品ぞろえで、価格も良心的です。また、ルースに添えられているラベルが役に立ちます。名古屋へ行く機会があれば、ぜひ足を運んでいただきたい場所です。

●その他のリアル店舗

大阪の船場エリアにも宝石を扱うお店が集中していますが、ここはあくまで問屋街なので、ほとんどの店舗は卸専業です。ルースコレクターが足を運んでも幸せにはなれないでしょう。

私が把握しているルースのリアル店舗はこのくらいです。ルースは、ジュエリーのような製品ではなく、製品を作るための素材（中間生産物）です。おそらく、そのためにルースのリアル店舗は国内には少ないのでしょう。せ

東急ハンズ名古屋店サイエンスコーナー「地球研究室」のルースコーナー

東急ハンズ名古屋店
10階　地球研究室 原石化石コーナー
愛知県名古屋市中村区名駅 1-1-4
(ジェイアール名古屋タカシマヤ内)
TEL052-566-0109(代表)
営業時間 10：00～20：00
https://nagoya.tokyu-hands.co.jp

いぜい鉱物やパワーストーンを扱う店舗に若干のストックがある程度です。そのストックもルースのプロが選んだわけではないので、食指が動くものに巡り合うことはなかなかありません。御徒町や名古屋から遠い場所にお住まいの方にとっては、残念ながら、リアル店舗でルースを選ぶのは難しいかもしれません。

では、リアル店舗に行けないコレクターは、どこで買い物をしているのでしょうか。

実物を見ながら買い物したければ、次に説明するミネラルショーに行くか、海外（第9章参照）へ行くしかありません。

2　ミネラルショーのすすめ

先述のとおり、ルースを扱っているリアル店舗の少ないことがルースコレクターの悩みですが、店頭でなくても現物を見ながらルースを買える場所のひとつが**ミネラルショー**と呼ばれるイベントです。

●ミネラルショーとは

ミネラルショーとはルース・鉱物・化石などを扱う展示即売会です。日本でも全国各地で開催されています。主なイベントの開催時期と場所は次の表のとおりです。ただし、開催の日時や場所は変わることがあるので、事前にウェブサイトで確認してから計画を立ててください。

ミネラルショーは数年前までは主に三大都市圏でしか開催されていませんでしたが、最近になって全国各地で開催されるようになりました。なかでも、東京や関西で開催される大規模なミネラルショーには海外の業者も多数出展するので魅力的です。普段は実物を見ながら買い物することが難しいルースコレクターにとっては夢のような場

1月	2月	3月	4月	5月	6月
長野ミネラルマルシェ 熊本ミネラルマルシェ ミネラル・ザ・ワールドin両国	ミネラルフェスタin東京 浅草橋ミネラルマルシェ	名古屋石フリマ なごや石フェス 北海道鉱物・宝石・クラフト展 ミネラル・ザ・ワールドin大阪 ミネラル・ザ・ワールドin横浜	甲府ジェムマーケット 石ふしぎ大発見展（大阪ショー） ミネラルフェスタin横浜 岡山ミネラルマルシェ 埼玉ミネラルマルシェ	沖縄ミネラルマルシェ みちのくミネラルマルシェ 福岡ミネラルショー	東京国際ミネラルフェア 宇都宮ミネラルマルシェ なんばのお寺で石まつり

7月	8月	9月	10月	11月	12月
ミネラル・ザ・ワールドin横浜 渋谷ミネラルマルシェ 広島ミネラルマルシェ	ミネラルフェスタin東京 名古屋ミネラルショー 北九州ミネラルマルシェ 名古屋石フリマ	さっぽろミネラルショー 新潟ミネラルマルシェ 秋葉原ミネラルマルシェ 神戸ミネラルマルシェ ミネラルフェスタin横浜 東京国際ミネラル秋のフェア	石ふしぎ大発見展（京都ショー） 横浜ミネラルマルシェ 糸魚川翡翠・ミネラルフェア	ミネラル・ザ・ワールドin静岡 北海道鉱物・宝石・クラフト展 福岡ミネラルショー 浅草石フリマ	東京ミネラルショー ミネラルフェスタin名古屋

（2020年1月現在）

所で、全国から泊まりがけで遠征するコレクターも少なくありません。

しかし、ここしばらくの鉱物ブーム以降、ミネラルショーは大変混雑する場所になりました。とくに人気のあるブースには多くの人が群がり、その列は二重三重にもなります。ミネラルショーでは実物を手に取って選べると思われがちですが、その混雑ゆえ、手ごろな価格のルースはケースから出してもらえることは少ないのが実情です。ひどいときは価格にかかわらずケースに入った状態のまま選ぶことになります。ルースの状態を確認しにくいため博打《ばくち》のようなこともあり、買ってから後悔するルースを引き当てることもあります。ミネラルショーでのルースの選び方については第4章で説明します。

●領収書を忘れずに

ミネラルショーでは、基本的にこちらからいわない限り領収証はもらえません。しかし後日返品する可能性を考えると**領収証をもらっておく方が無難**です。とくに、高額な買い物の場合は必ず領収証をもらってください。また、領収証でなくても、**初めて買い物をする業者からはショップカード、あるいは名刺だけでももらう**ように心がけてください。のちのちのトラブルを避けられることがあります。

3 ネットショップを使おう

ルースを扱っているリアル店舗の数は多くありません。実際に数えたわけではありませんが、ミネラルショーに出展している業者の多くはネットショップであり、国内のリアル店舗より数は多いと思います。

そもそもミネラルショーは期間限定、地域限定のイベントです。そうはいっても、ルースへの欲望は期間限定ではありません。そこで、いつでもどこでもルースを買えるネットショップが役に立つのです。数多くあるネットショップを使えば海外の業者からでも簡単に高品質のルースを買うことが可能になります。すでに多くのコレクターがネットショップで買い物をしていると思います。

しかし、注意しなくてはならないことがあります。ネットショップは開店が容易なため、業者は玉石混交《ぎょくせきこんこう》なのです。どのようにして良心的な業者を見極めるか、現物を確認できないネット通販でどのようにルースを選べばよいかは、第4章で説明します。

4　ミネラルショーかネットショップか

多数の業者が集う大規模なミネラルショーは大都市でしか開催されません。そのため地方在住のコレクターはルースの購入資金に加え、交通費と宿泊費が必要になってきます。移動にＬＣＣや深夜バス、宿泊にホステルやビジネスホテルを選んだところで数万円はかかるでしょう。

数千円あればネットショップでそこそこのルースが買えるのに、わざわざ大金を払ってミネラルショーに行く価値はあるのでしょうか。

個人的にはネットショップの買い物で満足できているのであれば無理にミネラルショーに行く必要はないと思います。ルースも人間関係もネットで調達できるならコスパ最高ですが、ミネラルショーに参加することのメリットを挙げるとすれば、次のような点だと思います。

・ショップ（業者）の人と仲良くなれる

・手に取って選ぶことができる安心感と高揚感
・コレクター同士のリアルな人間関係を構築できる
・ネットショップのサイトに掲載されていない商品が買える
・相場がつかみやすい（とりわけ新産）

先述のとおり、数年前までは三大都市圏でしか大規模なミネラルショーが開催されなかったこともあり、特別の時間、空間、そしてルースがミネラルショーで提供されていたように感じていました。しかしここ数年は、規模を問わなければ毎月どこかでミネラルショーが開催されていることもあり、とりたてて特別なイベントではなくなってしまいました。

また、イベントが連続しすぎて仕入れの追いつかない業者も目立ちはじめ、業者の品ぞろえや質が低下したようにも感じています。わざわざお金を出してミネラルショーに行くより、個性的なネットショップでコレクションを充実させるのも悪くないと思います。

とはいっても、ネットショップを利用するにしても、ミネラルショーで「中の人」と実際にコミュニケーションをとっておくのも一手です。ネットショップと比べるとコストパフォーマンスの悪いミネラルショーですが、リアル店舗がなくてもミネラルショーには必ず出展するネットショップが増えています。ミネラルショーで商品や店員の対応などをみて、今後ネット通販で利用する業者を見極めるのです。ミネラルショーはルースを探すだけの場所ではありません。業者を探す場所でもあると考えています。自分にはどちらが合うのかを知るためにも、一度はミネラルショーに足を運んでもいいでしょう。

5 購入を迷ったときは

ミネラルショーの開催日がたとえ給料日の直後でも購入予算は限られているはずです。そのため、どの店で何を買えばよいか、誰もが悩むものです。そんなときどうすればいいのでしょうか。

「また後で……」と会場をグルグル回って戻ってくると、購入を悩んでいたルースが売り切れていたというのは、ミネラルショーの〝あるある〟です。欲しいものをできるだけ悩まず、即買いできるようになるために、私の個人的な判断基準を紹介しておきます。

そもそも、極端な言い方ではありますが、鉱物とは違ってルースにはひとつひとつの石にさほど個性がありません。そのため私は、**今後のイベントで似たようなものに出会える可能性があるか**を確認し、次も出会えそうだとわかったら「買わない」と判断することにしています。もし会場全体を一通り見回った後なら買ってもいいとは思いますが、その時点で予算と懸案のルースが両方残っていることは、まずありません。これも〝あるある〟です。

たとえば、アメシストやサファイアなどはミネラルショーで毎回見かけるものです。よほど産地にこだわりのない限り、こういうものは次に購入すればいいと割り切ってしまいます。私はそうやってやり過ごしてきたので、最近になって手元にモルガナイトのないことが判明しました。でもモルガナイトなら、きっとすぐ買えるでしょう。

レアストーン（第5章参照）の場合は、この先いつ出会えるかわからないものが多いので、多少の無理をしてでも優先的に購入するようにしています。な

エトリンガイト（South Africa, 0.45ct）

かでも、ボラサイトやエトリンガイトのルースは、私が購入したとき以外では見たことがありません。あのとき買っていなかったら今度会えるのはいつになったか想像できません。

●限られた予算でのルース購入

コレクターはしばしば金欠に悩まされるものです。よく「石禁」といわれるのですが、金欠なら購入を見送るのがベストです。そうはいっても簡単に我慢できないのがコレクターというものです。

予算が限られているときはルースの何かを犠牲にして買うしか方法はありません。このとき犠牲にできる選択肢は「品質で妥協する」「小粒のもので我慢する」「新品にこだわらない」のいずれかです。運が良ければ「コレクターの放出品を狙う」という選択肢もありますが、残念ながら放出品はコンスタントに供給されるものではありません。

では、この3つの選択肢のうち、どれが望ましいでしょうか。個人的な経験からいえることは「小粒のもので我慢する」という選択肢です。

なぜ「小粒のもので我慢する」のがいいのでしょうか。ある程度ルースが集まってくるとグレードアップしたくなることがあったり、同じ種類のルースが重なってしまったり、買い替えたい衝動に駆られることがあるのですが、やはり金欠に悩まされます。この解決策のひとつが放出といってルースをネットオークションやフリマアプリで手放すことなのです（第10章参照）。こういったときに、個人的な経験も含めて、品質で妥協したルースはなかなか買い手がつきません。たとえ小粒であっても品質のいいものがよく売れるのです。

ルースを購入したら手放すことはないということしか考えないのであれば、先の選択肢のいずれでもかまいません。小粒のものはいつでも手に入るけれど、大粒のものは流通が少ないので、品質で妥協して大きさを優先するという買い方でもよいのです。いずれ手放すかもしれない、あるいは、少しずつグレードアップしていくという先々のことを考えるのであれば、小粒であっても一定の基準にしたがって品質がよいとされるルースを選ぶのがベターだと考えます。

●プチプラとは

予算を使い果たしてお財布に残金がわずかになっても、会場を回り続けて何か買えるものはないかと探すコレクターは少なくありません。そういうときは最後に「プチプラ」と呼ばれるルースを買って会場を後にすることになるでしょう。

ネットを中心によく使われる「プチプラ」とは「プチプライス」のことで、お手頃価格あるいは安価といった意味で使われています。では、プチプラとはどの程度の価格をいうのでしょうか。

個人的に4~5千円をイメージしつつ、あちこち尋ねてみました。その結果はさまざまで1万円未満という人もいれば、1000円と即答した人もいます。いろいろ話を聞いていると、「商品画像はイマイチだけど気になって仕方ないときにダメもとで買える価格」をプチプラと思えばいいのではないかと考えるようになりました。

第4章 ルースをどう選ぶか

それではいよいよ、ルースを選んで買ってみましょう。基本は同じですがリアル店舗、ミネラルショー、ネットショップのそれぞれで選び方に違いがあるので、本章では順に説明していきます。

1　ルースを選ぶときの環境

まずはリアル店舗での選び方を中心に基本的なことを説明します。ルースを選ぶときに頭に入れておくべきことは次の5つです。

①ルースはケースから出してチェックする

ルースはむき出しの状態でチェックすることが望ましいです。ケースに入ったままでは、**輝きやカットや傷の**

状態がわかりにくく、いろんな角度からチェックすることができません。**目の前にある現物を検討するのであれば、まずお店の人に頼んで、ルースをケースから出してもらう**ことを心がけましょう。

②ルースの表面をきれいにする

表面についている汚れなどを布で取り去りましょう。これもルースの状態を正しくチェックするために必要です。この作業はお店の人がやってくれると思います。

③指でガードルだけをもって見る

ルースのガードル（第2章参照）を指で持ってチェックしましょう。テーブルやパビリオンの部分を持つと、輝きや色に影響するためです。

お店の人がピンセットなどの器具を差し出してくれることもありますが、破損のおそれがあるので、私は会計を済ませるまではピンセットを使わないようにしています。

④照明を確認する

リアル店舗やミネラルショーの照明は過剰に明るいことが多いので、普段自分がルースを眺めるときの照明をイメージしながら買い物をする必要があります。

また、宝石の種類によって映える照明は異なります。たとえば、赤色のルースが美しく見えるのは白熱電球ですが、**照明の種類が変わればルースの見た目も変わります**。LEDと蛍光灯とハロゲンランプでは同じルースでもまったく違う姿になることがあります。そのため、可能であれば複数の照明でルースをチェックするようにしてください【4-1】。

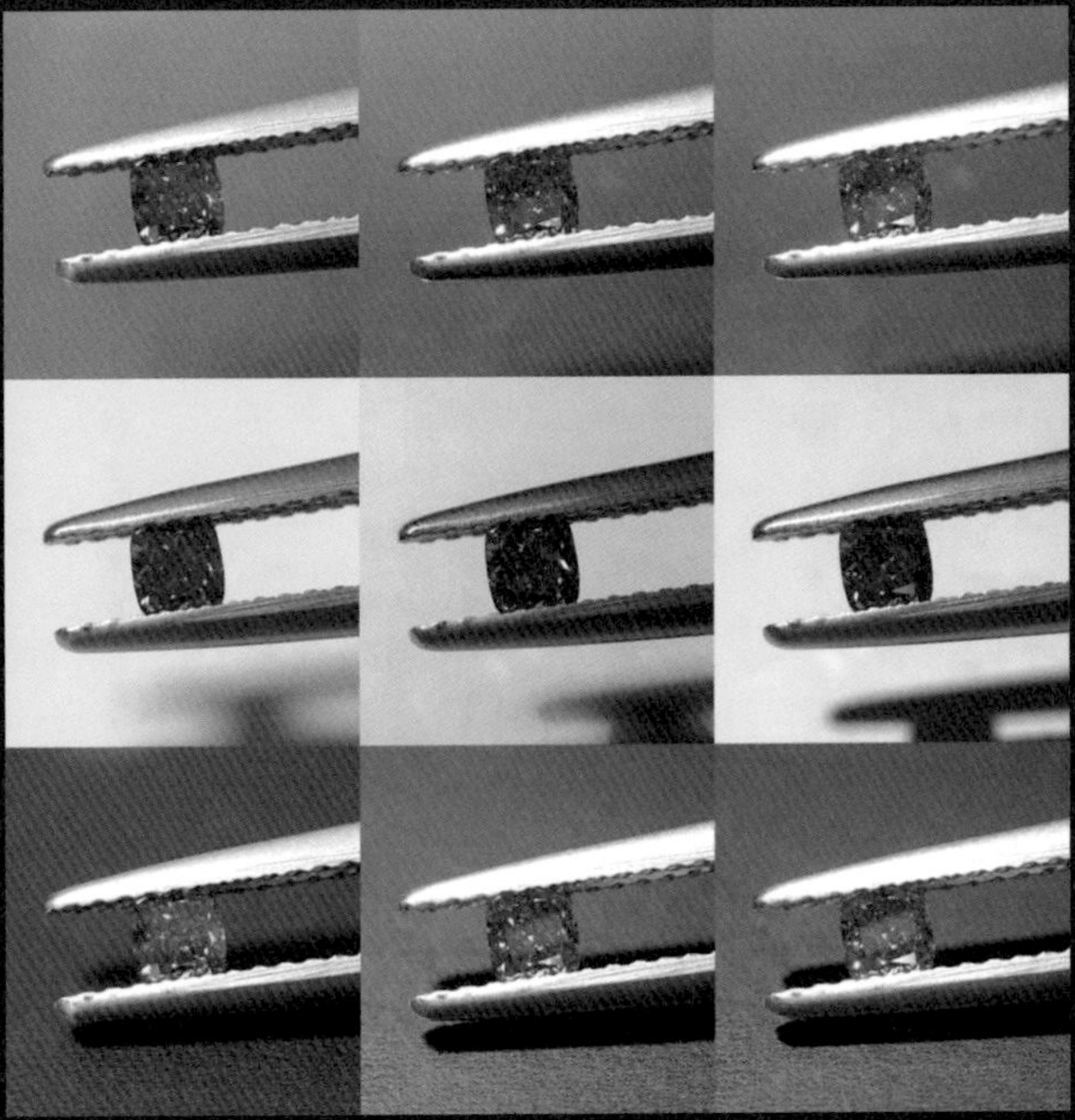

4-1：背景色と照明の違いによるカラーダイヤの色の変化の比較（Africa, 0.17ct）

⑤いろいろな角度から見る

フェイスアップ（真上から）だけでなく、いろいろな角度でルースをチェックするようにしてください。また、指で持っているガードル部分のチェックも忘れないようにしてください。

2 ルースの何をチェックするのか

選定のための環境や条件を整えたら、ルースそのものを見ていきましょう。ここではカラーストーンについて説明します。ルースを選ぶにあたって、チェックするのは表のとおりです。

自分で見て確認するポイント	業者の説明が必要なポイント
色 大きさ 欠けの有無 透明度 インクルージョンの有無 クラックの有無 カットの良し悪し	石の種類 重さ 産地 処理 加工の可／不可 天然／合成／人造／模造 新品／中古／外し石

気をつけなくてはならないのは、これらの情報が商品説明のラベルにすべて記載されているわけではないということです。石の種類、重さ、そして産地が書いてあればいいほうです。欠けやクラックなどの欠点は明示していないことがあります。欠点をふくめて買い手が見ればわかることについては、基本的には自分でチェックする必要があると考えましょう。

そこで、本章では先述の項目のうち表の上半分について、どのようにチェックするかを説明します。「処理」「天然／合成／人造／模造」「新品／中古／外し石」については第5章を参照してください。

ここで重要なことは、**すべてにおいて完璧でなくともよい**ということです。お財布と相談して妥協することも必要です。たとえば、めったに出会えないレアストーンに完璧を求めることは現実的ではありません。

また、一般的には評価が低くても自分の好みであれば、そのルースを買えばいいのです。繰り返しになりますが、ルースの良し悪しと自分の好みは、かならずしも一致するとは限りません。

●テリという要素

先述の項目に「テリ」を加える人がいるかもしれません。「テリの良し悪し」という表現が使われます。業界用語だと思いますが、一般のコレクターも使います。当然、テリの良いものが高値になるのですが、この「テリ」という言葉がなんともあいまいなものなのです。何を意味しているのか周囲に確認したところ、三者三様でした。個人的には「よく光るもの」、もう少しいえば「反射が強く透明度の高いもの」を「テリが良い」と考えていますが、もともとテリとは真珠の表面の反射の強さを指す言葉なので、この捉え方は不十分かもしれません。

しかしながら、「カットはいい、インクルージョンもない。でも、いまひとつ輝かない」。こういうときには誰でも「テリが悪い」といっているように思います。

3　リアル店舗でのルース選び

●肉眼でチェックしてからルーペを使う

リアル店舗では肉眼でチェックするところからはじまります。肉眼で一次選抜をしてから、ルーペで二次選抜をするのです。ルーペを使ってひとつずつ念入りにチェックするには時間がかかりすぎます。とくにロットから選ぶときには、いちいちそんなことはできません。

どの要素を肉眼でチェックするかは人によって違うようですが、ここでは私が肉眼とルーペでそれぞれチェックしている項目を分けて紹介します。人によっては私が肉眼でチェックしていることでもルーペを使うことがあります。ここでは肉眼とルーペの使い分けよりも、チェックするポイントを把握することを目的にしてください。

●肉眼で何をチェックするか

まず肉眼でわかる範囲でルースを選んでいきます。肉眼でチェックすべき項目を、先の表からもう少し具体的に解説していきます。

①重さ・大きさ	基本的にはラベルに記載
②色	淡いか濃いか 明るいか暗いか 色むらがないか
③**カット**	カットの良し悪し（詳細は後述）
④**透明度**	高いほどよい

⑤インクルージョン	基本的に肉眼で見えるものは避ける
⑥クラック	肉眼で見えるものは避ける
⑦**キズ・カケ**	あるものは買わない

①重さ・大きさ

大きさは肉眼で見ればすぐにわかります。ルースケースに収められていれば、たいていラベルに記載されています。重さだけのこともあれば、タテ・ヨコ・高さまで記載してくれる親切な業者もいます。ルースケースから出してチェックすることができれば問題ないのですが、そうでないときは大きさの記載が役に立ちます。プロポーション（51頁参照）の悪いルースを買うことを避けられるからです。

ロットの場合はいずれも記載がありません。わかることは1ピースあたりの値段、あるいは、1カラットあたりの値段です。注意しなくてはならないのが、このカラットとピースの勘違いです。1カラットあたりの値段が表記されていると知らずに、1ピースあたりの値付けと思い込んで高いものをつかんでしまうというのは、〝ミネラルショーあるある〟です。良心的な業者は「このルースは○○円」と参考価格をあらかじめ教えてくれます。

②色

色は各人の好みがあるので、選び方はさまざまかもしれません。ここでは、一般的に評価が高いものと低いものについて説明します。

カラーストーンの場合、ルースの価値を判断するにあたって色がもっとも重要な要素とされています。簡単にいうと、**カラーレス（無色透明）を除いて、色が鮮やかで濃いルースほど評価は高く**なります。反対に、淡い色や薄い色は評価が低くなります【4-2】。

右上／ 4-2：同じ産地、同程度の重さのスペサルタイトガーネット。鮮やかなオレンジの石は淡いオレンジの石に比べ 7 倍の価格がある（Loliondo, Tanzania, 左：1.09ct, 右：1.20ct）
左上／ 4-3：黒味を帯びたサファイア（Tanzania, 1.88ct）
右下／ 4-4：パープルサファイアの色むら（Sri Lanka, 0.85ct）
左下／ 4-5：バイカラーのアキシナイト。インクルージョンなどあるが、めったにない色なので購入したもの（France, 3.98ct）

あまりに濃すぎる色はジュエリー映えしないので、敬遠されます。また、濃いのではなく黒味を帯びたルース【4-3】や、中間色のルースも評価が下がる傾向があります。たとえば、青緑よりも青か緑の単色のほうがよいとされるのです。

濃すぎる色であっても、ジュエリーにせずルースのままで持っておくのであれば、安く買える分お買い得でしょう。同様に、淡い色合いを好む人は濃い色が好きな人よりお得な買い物ができるということです。

色については、もう1点だけ注意すべきことがあります。それは「バイカラー」という表現です。色むら程度のものか【4-4】、くっきり2色に分かれているか【4-5】で評価はずいぶん違います。これも個々人の好みで判断すればいいのですが、個人的には、シミや色むら程度のものをバイカラーと認識して購入することはおすすめできません。

③カット

冒頭にも述べたとおり、カットがルースをルースたらしめているのです。カットが悪いとどんなに質の良い原石であっても粗悪なルースになってしまうのです。ルースの価値を決める際に色ほど重要視されないといわれますが、カットがルースにとって重要な要素であることは間違いありません。

カットはやや多めの項目をチェックすることになります。カットはルーペを使わないと分からない部分もありますが、（1）ウインドウの有無（例外あり）、（2）シンメトリー（左右対称になっているか）、（3）ポリッシュ（表面の光沢を出すための最終研磨）、（4）プロポーション、（5）キュレットあるいはキールラインの5点は肉眼でもチェックできます。

(1) ウインドウの有無

正確にカットされているかを簡単に見抜く方法がウインドウの有無をチェックすることです。ウインドウとは**ルースをフェイスアップで見たとき、ルースの中央付近の色が抜けている状態**で、もっとも頻繁に見かけるカットのミスです【4-6】。透け石と呼ばれることもあります。これとは逆に、ゴロ石と呼ばれる厚みのあるものではルースの真ん中が暗くなることもあります【4-7】。いずれもルースのプロポーション（51頁参照）が悪いときに見られます。これらのタイプのルースを買うメリットはなく、よほどのレアストーンでない限り購入すべきではありません。

また、ウインドウのあるルースを指輪などに加工した場合、身に着けたときに地肌の見える可能性があるので注意が必要です。

(2) シンメトリー

シンメトリーとは対称性のことをいいます。アウトライン（ルースの全体の輪郭）が左右対称になっているかをチェックしたうえで、テーブルや各ファセットの対称性もチェックします。テーブルであれば肉眼でもチェックできます【4-8】。新品でも見られますが、外し石（84頁参照）でキズやカケを取り除いただけのものは、しばしば非対称になります。

(3) ポリッシュ

ポリッシュとはルース表面の光沢に影響する研磨の質のことです。丁寧に表面が磨き上げられることにより十分な光沢が得られます。磨きが不十分な場合は光沢が鈍くなります。このときは研磨痕（56頁、【4-15】参照）が残っていることが多く、肉眼では気づかなくてもルーペで確認することができます。

右上／ 4-6：ウインドウのあるスピネル（Mogok, Myammar, 1.90ct）
下／ 4-7：真ん中付近の暗いクォーツ（Kullu Valley, Himachal Pradesh, India, 3.50ct）。パビリオンが深すぎるため、矢印部分は光が上に戻らず暗くなってしまっている
左上／ 4-8：左右対称でないテーブルのスピネル（Mogok, Myammar, 5.65ct）

（4）プロポーション

プロポーションは、ルース内部からの光の反射に大きく影響し、カットの評価にとって重要な要素です。テーブル面の広さ、クラウンの高さ、パビリオンの深さなどが適切かといったことをチェックします。ダイヤモンドの場合は厳密な評価が必要ですが、カラーストーンの場合は神経質になる必要はありません。

正確にカットされている場合、真上からルースに入り込んだ光は反射して目に向かって戻ってきます。ところが、プロポーションが悪いと光が十分に反射せず美観を損ねる原因となります。たとえば、ルースの厚みが足りない場合は一部の光がルースの下側に抜けてしまうことによりウインドウのあるルースとなります。また、パビリオンの深いルースでも光が上に向かって反射せず中央が暗くなり、輝きの劣るルースとなってしまいます【4-7、9】。

（5）キュレットとキールライン

キュレットやキールライン（第2章参照）はルースの真ん中になければなりません。ケースから出せないときは確認しづらくなりますが、できるだけチェックするようにしてください。

④透明度

一般的に、ルースは透明度の高いものがよいとされています。そのため、シルキーで濁ったものは避けるようにしましょう【4-10】。透明度が高いとシャープな輝きになりますが、ソフトな輝きを求めてシルキーなものを好む人ももちろんいます。

⑤インクルージョン

インクルージョンも肉眼である程度チェックできます。インクルージョンは一般的に透明度を下げるなど美観を

上／ 4-9：ほぼ同じ重さのマリガーネット。プロポーションの違いがルースの見え方に反映することがわかる。左のものはパビリオンが深すぎるため真ん中あたりが暗くなっている（右：Mali, 1.03ct、左：Mali, 0.96ct, 個人蔵）
下／ 4-10：同じ店舗で同時に購入したスピネル。透明度の高いもの（右）とシルキーなもの（左）。両者には4倍もの価格差がある（Mahenge, Tanzania, 右：0.91ct、左：0.85ct）

損ねるものとされており、インクルージョンの少ないものほど評価は高くなります。当然、肉眼で見える場合は避けるのが望ましいです【4-12】。

ただ、コレクターにより許容する範囲に違いがあり、肉眼で見えなければよいというコレクター、ルースの端など見えにくい場合なら許容するコレクター、ルーペで確認し徹底してインクルージョンを避けるコレクターなど、さまざまです。私は肉眼で見えなければ問題ないと判断していますが、ルースの真ん中あたりにインクルージョンが入り込んでいるものは避けるようにしています。

微細なインクルージョンは忌《い》み嫌われる傾向にありますが、大胆に入り込んだものは扱いが変わります。インクルージョンがあるからこそ魅力的な表情を見せる石があるからです。そのような絵になるインクルージョンを探し求めるコレクターもいます。

⑥クラック

クラックとは何らかの力が加わって生じる亀裂です。神経質になる必要はありませんが、ルースの耐久性に影響するため、クラックは明らかな欠点であるという認識が必要です。

業者によっては何かに形容することでクラックに価値を見出そうとすることがありますが、先述のとおり、それは単に内部に亀裂があることを意味しているにすぎません。

クラックは内部に観察できるものもあれば、時には表面まで達しているものもあります【4-13】。はじめのうちはクラックをインクルージョンと認識することがあるかもしれませんが、インクルージョンの形状や特徴を覚えれば、しだいにクラックをはっきりと認識できるようになります。

ルースのままで保管しておくのであれば、クラックに対してそれほど神経質になる必要はありません。インクルージョンと同様、人によって許容する範囲が違っており、大きさや位置によってはクラックがあっても購入すること

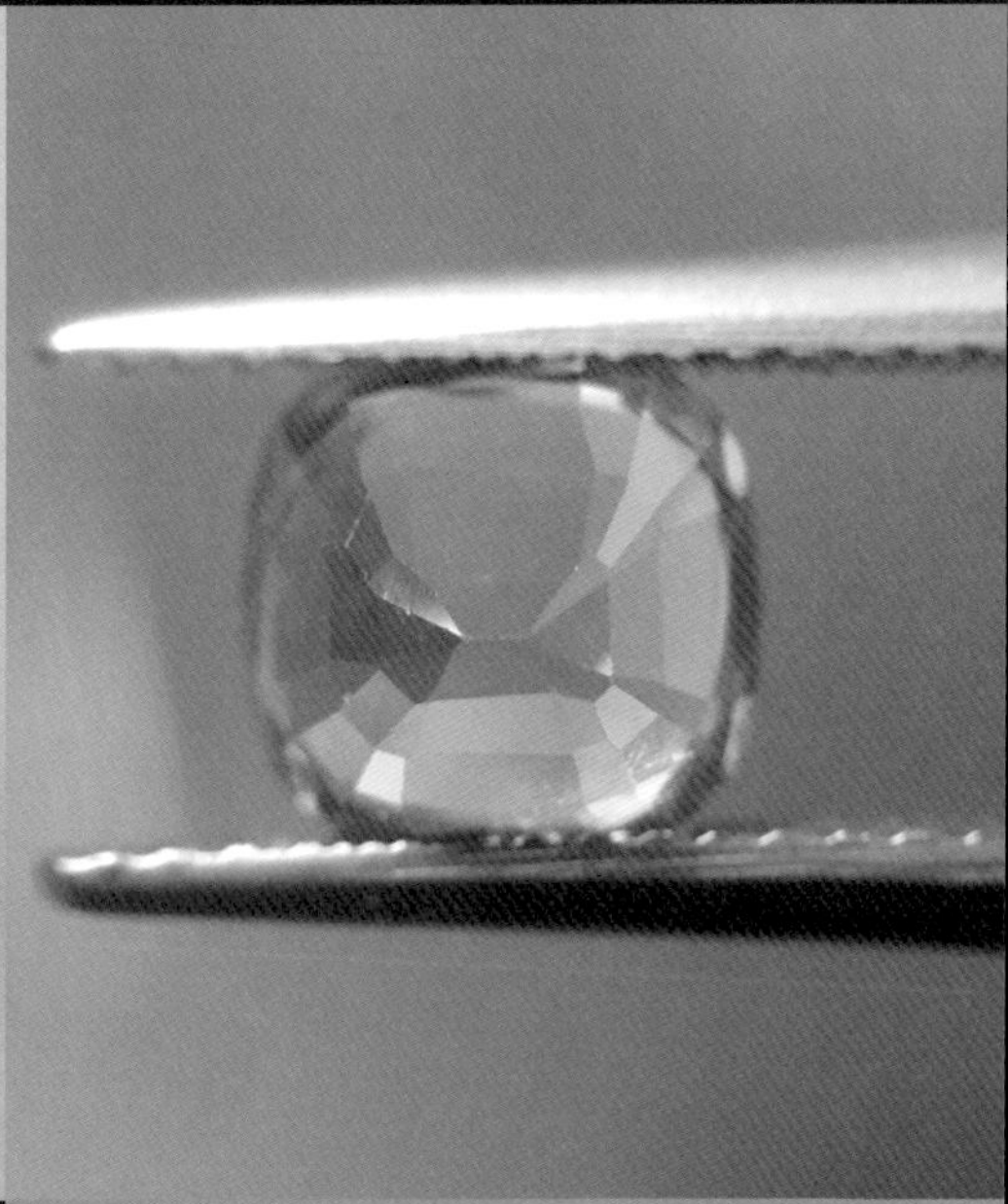

右上／ 4-11：キールラインのずれたペリドット（Mogok, Myanmar, 1.71ct）
左上／ 4-12：肉眼でインクルージョンの観察できるインディコライト（Usacos, Erongo, Namibia, 1.12ct）
右下／ 4-13：表面に達するクラックのあるフローライト（Denton Mine, Illnois, U.S., 5.19ct）

はあります。とくにクラックが問題になるのはジュエリーに加工するときです。たとえ硬度の高い宝石であったとしても、クラックがあると加工のときにルースが破損する可能性がゼロではないからです。

●ルーペを使って何をチェックするか

肉眼でルースを選別したら、次は合格したルースをルーペでチェックします。ルーペでは、カット、インクルージョン、クラックをより細かく精査します。

①カット	ミートポイントは正しいか 歪《いびつ》なファセットの有無 研磨痕の有無 ガードルの仕上がり
②インクルージョン	有無と大きさ
③クラック	有無と大きさ

①カット

ルーペを使ってカットを細かくチェックする際には、まずミートポイントといわれる部分を丁寧に確認します。正確にカットされたルースの場合、隣接するファセットは頂点を共有しています。ところが、点であるべきところが線になっていることがあります【4-14】。これはカットが正確でないということを意味しています。

また、通常それぞれのファセットは左右対称になるのですが、しばしば歪《ゆが》んでいることがあります。

さらに先述のとおり、カットの仕上げが不十分な場合、**研磨痕**が残ることがあります【4-15】。研磨痕が残ると十分な光沢が得られません。

右上／ 4-14：ミートポイントのずれ（合成ルビー、製造元不明）
左上／ 4-15：研磨痕

次に、エッジがシャープかチェックしましょう。宝石の硬度に依存しますが、高品質のカットは常にエッジがシャープになっています。カットのあまいものはエッジが丸みを帯びています。ただし、硬度の低いルースの場合はエッジをシャープにするのが難しいので神経質になる必要はありません。あわせて、エッジが破損していないかチェックする必要があります（14頁【1-7】参照）。

また、外観に大きく影響することはありませんが、リングなどに加工する場合はガードルも重要な項目です。厚さが均一か、十分な厚みか、きっちり研磨されているか、（国内ではほとんど見ることはありませんが）ダブレット（貼り合わせ石）ではないかを確認する必要があります。ガードルの薄いもの（ナイフエッジという）は破損しやすく加工には不向きです。

②インクルージョン

肉眼でもチェックできますが、とことん透明度の高いものが欲しいコレクターは、ルーペでもインクルージョンの有無を確認します。個人的には肉眼でインクルージョンが見えなければ（アイクリーンであれば）いいので、インクルージョンをルーペでチェックすることはほとんどありません。

③クラック

肉眼で発見できなかったクラックがないか、ルースを丁寧に見ていきます。クラックが広範囲におよぶものは購入を避けるほうがよいでしょう。クラックのチェックは、美しさの判断よりも、ルースの破損というリスクを低減するためのものと考えてください。

4 ミネラルショーでのルース選び

これまで説明したように、購入する前にルースの状態をポイントごとによく確認しましょう。しかし、ミネラルショーのような人の多いイベントでは、じっくりルースをチェックできるとは限りません。そのため、ミネラルショーでは「肉眼で」「短時間で」チェックできる項目に重点をおくことを心がけるとよいでしょう。

人によってルースの欠点の許容範囲が違うのは先述のとおりですが、私はそれほど神経質ではないので、ミネラルショーではほとんどルーペを使わずに選んでいます。

①ウインドウのチェック

ウインドウのチェックは「ケースのまま」「肉眼で」「短時間で」可能です。そのため、混雑するミネラルショーでは、まずウインドウのある石を除外します。たとえば真上からルースを見たとき、ルースの下のコットンが見えたらウインドウのあるものとして除外します。また、真ん中あたりが暗くなっているプロポーションの悪いルースも除外します。

②左右対称になっているか

全体が左右対称になっているかは肉眼でわかります。また、テーブルファセットの対称性は、光を当てて白飛びさせるとわかりやすくなります【4-18】。

③インクルージョンとクラックの有無

肉眼で見たときにテーブルファセットからインクルージョンやクラックが見えるものは避けるようにしていま

上／4-18：テーブルファセットを白飛びさせた合成ルビー
(Afghanistan, 0.948ct)
下／4-19：サファイアのカラーサンプルとして使う指輪

す。これはコレクターにより許容範囲に違いがあるのは先述のとおりです。必要があればルーペを使ってチェックするようにしてください。

④照明を意識しよう

ルースにとって光は命です。光がなければルースは暗いままですから、照明を意識する必要があります。繰り返しになりますが、このとき、普段自分がルースを眺めるときの照明に近い状態でルースを選ぶことが重要です。ミネラルショーの会場はしばしば照明が強いことに気をつけなくてはなりません。照明を強くすればどんなルースでも美しく見えてしまうのです。ところが自宅の照明はそこまで明るくないので、品定めしているときには美しく思えたルースでも、持ち帰ってみたらぜんぜん冴えないと感じることがあります。

照明の強さだけではありません。太陽光、蛍光灯、白熱灯、ＬＥＤなどさまざまな光があり、照明の種類によってルースの色が大きく変わることがあるのです。とくに注意を要するのがカラーチェンジタイプのルースです。

照明による失敗対策としては、マスターストーンと手持ちの照明器具を用意するとよいでしょう。マスターストーンとは色の基準になる石のことをいいます。自分が気に入っている色の石を持ち込んで、それと同じものを探すという方法です。商品と紛れてはトラブルの元ですので、自分のルースはペンダントやリングに加工したものを持ち込むとよいでしょう【4－19】。ルースケースペンダントなどルースを簡単にアクセサリーにできるキットも売られています。

また、自分がルースを眺めるときの照明に合わせたペンライトやハンディデイライトを用意するのも有効です。蛍光灯、白熱灯、ＬＥＤそれぞれの電球を使用したペンライトが売られています。通常は宝石のチェックにＬＥＤを使うことはありませんが、普段からＬＥＤ照明の部屋でルースを楽しむのであれば、個人的にはＬＥＤでよいと思います。

●高額商品はルースケースから出してもらう

プチプラのルースであれば肉眼のチェックしかしないのですが、やはり数万円単位の買い物となれば話は別です。人気のブースであってもルースケースから出してもらって、リアル店舗での選び方にならってルーペで丁寧にルースをチェックします。高価なものを購入するにあたって慎重になるのは当然ですから、混みあっているからといって遠慮しすぎる必要はありません。

5　ダイヤモンドの選び方

ルースコレクターのほとんどはダイヤモンドには手を出さず、それ以外の色石（カラーストーン）を集めています。ここまでは色石の選び方を説明してきましたが、ダイヤモンドの選び方にも簡単にふれておきましょう。

ダイヤモンドの場合はルースを評価するための基準がわかりやすく設定されています。４Ｃと呼ばれるものです。

- **重さ（カラット Carat）**
- **透明度（クラリティ Clarity）**
- **研磨（カット Cut）**
- **色（カラー Color）**

そのまま当てはめるわけにはいきませんが、色石を買うときに何をチェックすればよいか参考になります。

4Cのそれぞれが意味するのは次のとおりです。

クラリティ

高 ← 透明度 → 低

FL	IF	VVS1	VVS2	VS1	VS2	SI1	SI2	I1	I2	I3
10倍に拡大しても内部・外部ともにインクルージョンが見つけられない	外部には微細なキズが見られるが内部には10倍に拡大してもインクルージョンを見つけられない	10倍の拡大では、インクルージョンの発見が非常に困難		10倍の拡大では、インクルージョンの発見が困難		10倍の拡大ではインクルージョンの発見が比較的容易だが、肉眼では困難		インクルージョンが肉眼で容易に発見できる		

カラー

DEF	GHIJ	KLM	N-R	S-Z
無色透明	ほぼ無色	かすかな黄色	非常に薄い黄色	薄い黄色

カット

Excellent	Very Good	Good	Fair	Poor
良 ←→ 劣				

表にあるとおり10倍ルーペを用いてチェックすることになっていますが、実務ではそれ以上の高倍率の顕微鏡が用いられるようです。また、評価する際には4Cという4つの項目だけをチェックしているわけではなく、多くの項目から総合的に判断されます。

●ダイヤモンド選びの私の基準

私は以前、大学院の後輩から婚約指輪にどんなダイヤを買えばいいかと相談を受けたことがあります。そのとき私は「クラリティやカラーのランクを落として、少しでも大きなものを買うように。カットはランクを落とさないように」と答えました。そしてもっと具体的に、「**クラリティはSI1で固定、カットはVery Goodで固定**、カラーは見て決める。あとは**予算にあわせてできるだけカラットが大きいもの**を選ぶといい」とアドバイスしました。クラリティやカラーは妥協してカットと大きさを重視したのは、次のような理由です。

まず色についてですが、カラーを判別するときにはマスターストーン（比較するためのサンプル）を使います。鑑定士が記憶に頼って選別しているわけではないのです（Dだけは見ればわかるという人はいます）。カラーのランクを落としていいといったのは、その程度の違いに一般の消費者が気づくとは考えにくいからです。購入する本人が実際に見て美しいと思える色であることが重要だと考えています。

次にクラリティをSI1で固定といったのは、日常的に指輪を目にするのは肉眼だからです。判断するのに10倍ルーペが必要となるVSクラス以上のクラリティを求める理由は見当たりません。

カットをVery Goodと指定したのは、それより下のものを選んではならないという意味で、Very Good以上が望ましいということです。なぜなら、4Cのうち唯一、人の手によって良し悪しが変わるカットが、もっとも輝きに影響するからです。

これらの点を押さえつつ、あとは予算に合わせてカラットの大きいものを選べばいいと思います。業界関係者にこの話を聞かせても、とくに異論は出ませんでした。

●実際に見て選ぼう

鑑定書の扱いは人によって異なるようですが、鑑定書の評価だけで選ぶのは避けましょう。たとえば2つのルースについて鑑定書では同じ記載であったとしても、実際に現物を見ると2つのルースの輝きが違うことがあるからです。やはり、ルースはできるだけ実物を見て購入しましょう。とくにカラーダイヤは鑑定書にカットが記載されないので、現物を見ることや詳しい説明が必要になってきます。

6 ネットショップを使いこなそう

ここまでは、リアル店舗やミネラルショーで購入することを前提に話をしてきました。しかし、店舗やミネラルショーは場所や日程が限られるため、ネットショップを利用したい人もいると思います。それでは、ルースの現物を直接確認できない場合はどのように選べばいいのでしょうか。以降の説明は通常のネットショップを念頭に置いたものですが、インスタライブなどの動画配信でも目安になるものです。

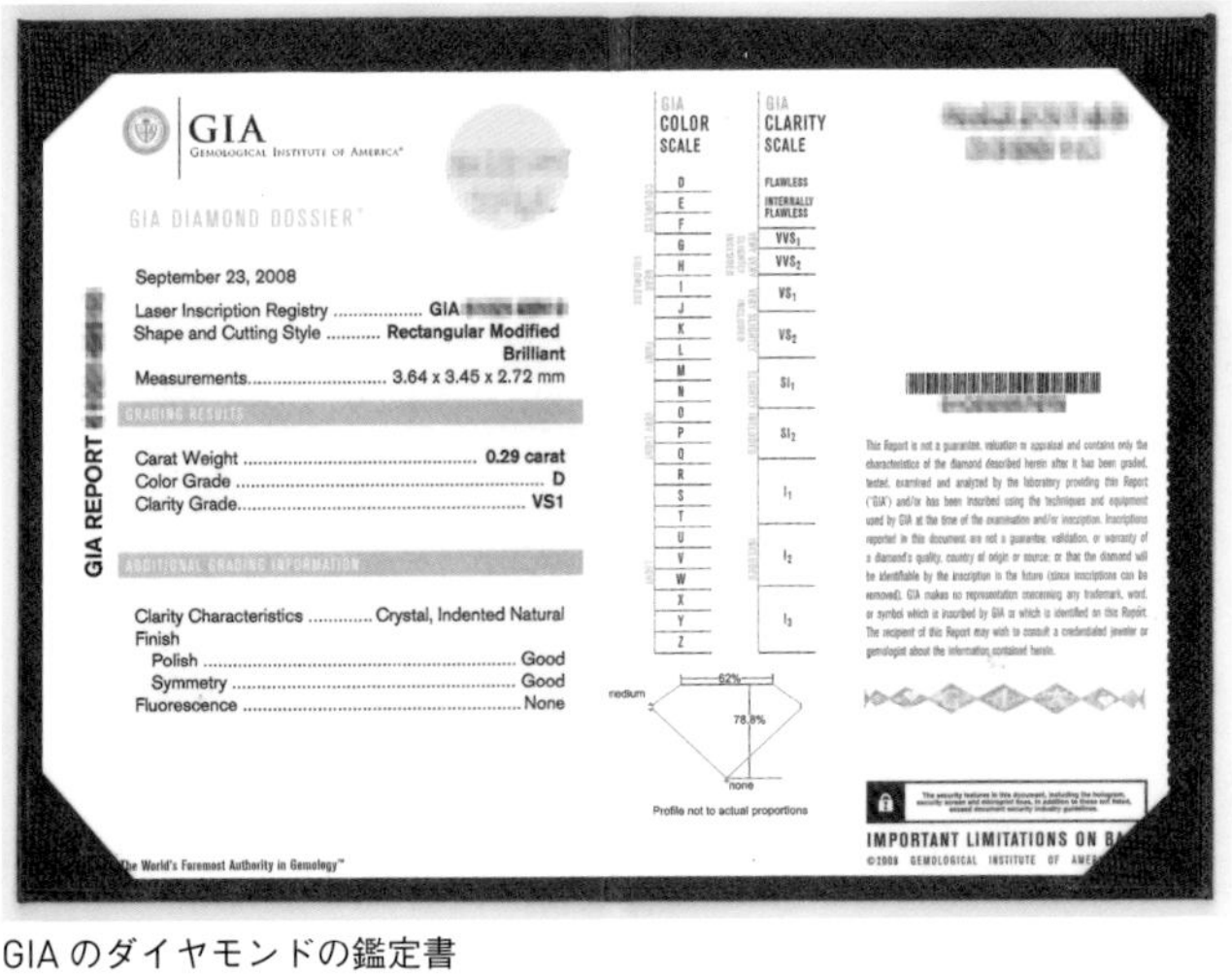

GIAのダイヤモンドの鑑定書

●どのネットショップで買うのか

どこのネットショップがよいか判断するのは簡単ではありません。海外業者まで含めると相当な数があるからです。そのショップが優良かどうか判断するもっとも簡単な方法は、とりあえず何か買ってみることです。多少の費用はかかりますが、商品の質や応対などを簡単に見極めることができます。私自身もよく使う方法です。

それはさすがにギャンブル性が高すぎると思うなら、指標の一つとして、業者の資格の有無をチェックしましょう。鑑定士の資格を保持している人は、これを必ず記載しています。これが知識や経験の裏付けのひとつになります（が、実際には鑑定士の実力には幅があります）。

もちろんルースを丁寧に取り扱う業者もいるのですが、基本的な鑑別機器すら持っていない業者、海外買い付け未経験の業者、中古と新品の区別をしない業者、仕入れたルースを鑑別にも出さない業者など、いい加減な業者も少なくありません。買い手が慎重になるのは当然のことです。

●こんなショップは要注意

いくつか具体例をあげましたが、「使い勝手のいいネットショップ」を見分けるのは、実際に購入してみないと難しいものです。しかし「避けたほうがいいショップ」はある程度判断できますから、次の点に注意して、購入するショップを選びましょう。

①商品の説明が少ない

これはしばしば見受けられる例です。たとえば、サファイアのルースの商品ページに「宝石の特殊効果のなかで有名なのがスター効果です。このサファイアのスターは宝石内部のインクルージョンによるものです……」という説明文があったとします。この説明文はサファイアの一般的な説明ばかりで、肝心な商品そのものの説明がほとんど記載されていません。これでは、スターサファイアの魅力について理解できても、個別の商品についての良し悪しがまったくわかりません。

ネットショップでは、**商品ページで商品そのものの説明が十分に記載されているか**を必ずチェックしてください。たとえば宝石のおもな産地や語源、宝石にまつわる歴史物語のような一般的な雑学知識が冗長なら、その業者に商品説明をするだけの能力がないと判断しても差し支えないと思います。商品の品質を判断するのに何も影響しない語源や歴史を説明することは、ネットでの購入においてはあまり参考になりません。

では、何を記載しているのが「よい商品説明」なのでしょうか。ネットショップを見極めるには、以下の項目にしっかり言及しているかが重要になります。

- **そのルースの良い点、悪い点**
- **どの部分にインクルージョンやクラックがあるのか**
- **産地はどこか（不詳であればその旨を記載）**
- **中古／外し石／新品の区別**

第2章でも言ったとおり、これらの項目は業者にしかわからないことで、鑑別に出したところで答えてもらえるわけではありません。宝石名（種別）、重量、色、カット、処理については記載して当然なのですが、これらは購入後でも鑑別機関に持っていけばわかることです。重要なのは、鑑別機関が答えてくれないことを業者がどれだけ詳細に説明するかなのです。

②商品写真の背景が黒い

黒い背景でルースを撮影している業者は、ルースを実際よりも美しく見せようとしているのではないかと疑ってしまいます。ルースは黒い背景のほうが、白い背景で撮影するよりも写真映えするのです。ルースにお化粧をしているようなものです。

背景の色によってとくに見た目の変化が大きいルースはオパールです。白い背景より黒い背景のほうが遊色は目立ちます【4-20】。このため、ダブレットやトリプレットのように貼り合わせたルースには遊色が目立つよう黒い素材を用いることが多いです。

また、黒い背景のほうが画像の調整が容易です。黒背景は白背景よりも画像を修整したことがわかりにくくなるのです（白背景の写真でも修整されていることはあります）。

どのような照明を使っているかがわかりにくいのも黒背景のネックです。赤系の石にはハロゲンランプなど、それぞれのルースにもっとも映える照明があります。そういう特定の照明で撮った写真でも、背景が黒いと買い手にはわかりにくくなります。一方、白い背景であれば照明の種類がわかりやすくなります。

③写真のルースに影がない

背景が黒でなかったとしても、ルースの影が薄い場合も要注意です。照明の過剰が推定されます。光を当てすぎたルースは厚化粧している状態なので、画像より暗い色の商品が届く可能性があります。

どのような背景と照明でルースを撮影するべきか厳密な規定はありませんが、「グレーの背景」で「左側から照明を当てる」ことが慣習となっているようです。

④商品写真のショット方向がよくない

ルースをどの角度から撮影しているかも重要です。真上から撮影したフェイスアップの写真と、ガードルの確認できる写真を掲載しているかを必ず確認してください。

上／ 4-20: 黒い背景と白い背景のオパール（Lightning Ridge, Australia, 1.20ct）
下／ 4-21: ブルーオパール（Peru, 1.64ct）。フェイスアップの写真（右）と斜めからの写真（左）の比較。フェイスアップで見ると色の抜けやカットの歪みがよくわかる。

フェイスアップの写真が必要なのは、ウインドウの有無とテーブルファセットの状態をチェックするためです。ウインドウがあっても、真上以外の角度からのショットではごまかすことができてしまいます【4-21】。フェイスアップのない商品説明は、ヘアカタログに横顔だけを掲載するようなものです。キズやカケを隠すことは論外です。

⑤欠点を説明しているか

インクルージョンやクラック、カットの歪み、カケ、キズなどは写真を見ればわかることではありますが、ひとこと説明がほしいです。現物を見ている業者がいちばんよくわかっているはずなので、あらかじめルースの欠点について説明があれば、安心して買いやすくなります。届いたら知らないカケがあったなどということは避けたいものです。

●SNSで情報を集める

ネットショップはSNSなどネットを宣伝広報や商品紹介に利用するので、悪質な対応をした場合、思わぬところから指摘が入ることがあります。以前、ある業者が外し石であることを説明せずに販売していたことを告発する、実際に購入したコレクターのツイートがタイムラインに流れたことがあります。ネットショップの評判は、SNSからも入手できるといえます。

●ネット購入品の返品はできるのか

もしネットショップで買ったものが不良品だった場合はどう対応すべきでしょうか。ショップに**「一切のキャンセルや返品・交換などを認めない」などという文言があっても無効であることは、消費者契約法で保証されています**。したがって購入前の説明と異なる商品が届いたり、不良品だったりした場合は返品することをおすすめします。

後日のトラブルが想定される場合、商品ページのスクリーンショットを保存することも忘れないようにしましょう。とくにネットオークションでは、一定期間がすぎると商品ページにアクセスできなくなることがあります。

7　ネットショップでのルースの見分け方

ある程度ネットショップを選定したら、次はいよいよルースの選定と購入です。ネット上ではどのように商品を吟味すればよいのでしょうか。

●ルースを写真でチェックするときのポイント

ネットショップのルースの写真は原寸大ではありません。パソコンやスマートフォンで見るルースは、現物よりも拡大されています。ネットショップのルースの写真は、ルーペを通して見る姿に近いといえるでしょう。そのため、肉眼では見えにくい部分や気にならない部分が写真で強調されていることがあります。普段眺める分には問題ないことが多いので、ネットショップでのルース選びではあまり神経質にならないほうがいいでしょう。

現物であれ写真であれ、ルースをチェックするポイントはリアル店舗での商品選びと同じです。しかし拡大された状態ですから、それを考慮して判断する必要があります。

①カットのチェック

すでにルースを拡大した状態の画像が掲載されているので、現物をルーペでチェックするよりも楽かもしれません。ただし掲載されている写真によっては、重要なポイントを十分に確認できないことがあります。細かい部分は目をつぶるとしても、最低限ウインドウとガードルはチェックする必要があります。私自身は、この2点をチェックできないときは購入を見送っています。

②インクルージョンのチェック

拡大されたルースの画像に見えるインクルージョンは、現物を肉眼で見たときにも気になる程度なのか、その判断は難しいものです。モニタ上で画像の大きさを変化させて、実際のルースだとどう見えるかを想像することはありますが、なかなか確信は持てません。

ショップが「アイクリーン」（肉眼ではキズなどが確認できない）や「ルーペクリーン」（ルーペで見てもキズなどが確認できない）といった説明をしてくれればわかりやすいのですが、そのような表記がない場合、私自身はルースの真ん中部分にインクルージョンが見えたら買わないという判断をしています。

ダイヤモンドのグレーディングのように「VS」「SI」という具合に基準を示して評価してくれる業者もいます。これについては賛否両論あるようですが、個人的には（ただしく運用されているならば）良心的なやり方だと思っています。

③クラックのチェック

拡大された画像にはクラックが映り込むことがありますが、多少のクラックなら神経質になる必要はありません。ただし広範囲にわたるクラックや、ルースの真ん中部分にクラックがある場合は購入を見送るのがよいでしょう。

●ネットショップに表記してほしい情報

ネットショップでも購入を判断するために必要な情報はリアル店舗で買い物するときと変わりません。繰り返しになりますが、私がルースを買うために必要だと思う情報をまとめると、次のとおりです。

業者が記載すべきこと	できれば業者が記載すべきこと	業者に説明してほしいこと
石の種類 重さ 処理 天然／合成／人造／模造	大きさ 産地（わかる範囲で） 新品／中古／外し石	欠けの有無 クラックの有無 インクルージョンの有無 カットの良し悪し

これらの情報が記載されていない場合、ネットでのルースの購入は博打の要素が強くなります。ショップ側が記載しない理由はさまざまあるかもしれませんが、写真だけで判断できないことは業者に説明を求めたいものです。もし記載のない場合は、業者に積極的に質問することです。必要に応じて写真を送ってもらうこともあります。その対応でも業者の良し悪しを判断することができます。

8　海外ショップからのネット購入

海外のからルースを調達することも可能です。タイ、インド、パキスタンなどアジアの業者から手ごろな価格のルースを買うこともあれば、欧米の業者から高品質のルースを買うこともあります。頻繁に渡航できるわけではないので、ネットショップやイーベイ（ebay）、エッツィ（Etsy）、ジェム・ロック・オークション（Gem Rock Auction）といったサイトを利用することになります。大まかな購入手順は国内の通販サイトやオークションサイトと変わりませんが、いくつか注意すべきことがあります。

●返品について確認

国際取引の場合、返品したいという状況になったときでも相手が日本の法律を理解してくれるとは限りません。トラブルにならないよう、事前に返品の条件を確認するようにしましょう。たいていの場合、「何日以内に返品」などと商品ページ内に記載があります。

●支払いについて

多くの場合はクレジットカードかペイパル（PayPal）による決済です。カードがなければ銀行口座で対応できるペイパルを選ぶことになります。クレジットカードの使えない業者はアジア系にみられるのでペイパルのアカウントは必須だと思います。

●真贋について

イーベイなどを利用して買い物するときとくに注意が必要なのはコランダム（ルビー、サファイア）など人気の高い種類です。合成石を天然石と偽って販売するケースが目立ちます。明らかにニセモノとわかるものもあれば、届いてから検査しないとわからないものまであります。また、なかにはルースだけではなくニセモノの鑑別書を提示してくる業者がいるので注意が必要です。

高品質なルースを割安で買えるチャンスも多く、海外から買わざるを得ないものも少なくありません。個人的にはニセモノの流通が少ない種類のルースを欧米の業者から買うことが多いです。また、簡単な鑑別機器は手元に置いて最低限のチェックができるようにし、トラブル防止につとめています。手持ちの機材でチェックできないものは、必要に応じて鑑別を依頼するようにしています。最近は比較的安く鑑別機器を買えるようになったので、ネットショップを多用するのであれば、購入を検討するのもよいでしょう。

鉱物と違い、写真で真贋を見極めることが難しいルースを海外サイトから買うことは、自信がないのであれば避けるのが望ましいと思います。もし海外からネットでルースの購入を検討するのであれば、まずは国内外のミネラルショーで業者を探すことからスタートするのがよいでしょう。

第5章

ルースの付加価値を知ろう

ここまで、ルースに関する一般的な知識や選び方、購入の仕方をみてきました。ここでは、ルースに加えられる処理やその他の付加価値について知識を増やしましょう。

1 「処理」とは何か

ルースは原石をカットしたものですが、なかにはカット以外にも人の手が加わることがあり、これを「**処理**」と呼びます。本節では、この宝石の処理について説明します。

「処理」とひとことでいってもさまざまな方法があります。熱処理、放射線処理、オイル含浸《がんしん》などです。また、宝石の種類によって方法が異なります。

●エンハンスメントとトリートメント

処理には大きく2つあります。**エンハンスメント**と**トリートメント**です。

エンハンスメントは宝石の性質を大きく変えることのない処理で、宝石のポテンシャルを引き出すものです。大雑把にいうと自然界で起こりうることを人の手で施すことです。たとえば、サファイアの加熱処理がよく知られています。

これに対してトリートメントは、天然の宝石に対して施す処理ではありますが、もとの宝石の性質を無視して自然界では起こらないような処理を人の手で施すので、宝石の性質が変わってしまいます。たとえば、ルビーのガラス充填処理があげられます。もとのルビーは天然ではありますが、ガラスは一般に人の手で作るものですから、自然界でルビーにガラスが勝手に染み込んでいくことはありません。

このエンハンスメントとトリートメントの違いは、化粧とプチ整形のようにとらえればいいと思います。そしてもちろん、無処理というすっぴんも存在します。

これらは大きく違うように感じられますが、所定の金額を出して鑑別機関で検査をしない限り、両者の区別はわかりません。所定の検査料金を支払わない限り、検査したい個別のルースではなく、通常施される一般的な処理が記載されるだけです。

●さまざまな処理

宝石にはさまざまな処理が施されます。種類によって方法が使い分けられています。見かけることの多い処理は次の通りです。

宝石に施されるおもな処理

ルビー	加熱、含浸処理
サファイア	加熱、拡散処理、含浸処理
エメラルド	含浸処理
ダイヤモンド	放射線照射、高温高圧処理
タンザナイト	加熱処理

加熱とは、高温で加熱することでより色を鮮やかにするために行う手法で、多くの宝石に施される一般的な処理です。種類によって温度は違いますが、ルビー、サファイア、アクアマリン、タンザナイトなどは加熱処理されたルースがほとんどといわれています。

含浸処理は、耐久性を高めたり色を鮮やかにすることを目的に施されます。エメラルドであればオイル、ルビーやサファイアであればガラスを使います。エメラルドの処理は古くから広く認知されている一般的なものですが、無処理のエメラルドのほうが価値は高くなります。ルビーやサファイアに対するガラスの含浸処理は著しく価値を損ねるものなので購入を避けるべきです。

拡散処理は、石の表面に微量の物質を浸透させて色を鮮やかにするもので、サファイアなどに施されます。拡散処理されたルースの評価は著しく低いので購入を避けるべきです。

放射線処理は、放射線を当てることで鮮やかな色にすることを目的としています。ダイヤモンドやトパーズでよく知られています。

●処理は見破れるか

ルースに施された処理を購入時に見破ることはできるのでしょうか。現状では、すべてを見破ることは不可能です。ポイントがわかっていればコレクターでも看破できるものもありますが、なかには鑑別機関でも見分けのつかないものもあります。たとえば、ブルートパーズの放射線処理やアクアマリンの加熱処理の判別は鑑別機関でも（現状では）不可能です。このようなときは、売り手の言葉を信じるしかありません。

●処理されていない石は意外に少ない

一般的に出回っている宝石の場合、ほとんどの種類に処理が施される可能性があります。たとえば、いわゆる誕生石で処理の報告がないものは、現時点では、ペリドットとムーンストーンくらいでしょうか。少し前まで無処理の宝石の代表格だったガーネットも、ロシア産デマントイドガーネットの加熱処理が報告されています。同様に無処理の代表格であったスピネルも、現在は加熱処理したものが出回っています。

●処理の開示について

ルースに施された処理を開示することは必須です。処理の有無はルースの価値を大きく左右するからです。そうわかっていても、わざわざラベルに処理の有無を記載している商品は多くありません。**とくに記載がなければ一般的な処理が施されている**と考えて購入してください。

鑑別に出すと費用が発生します。無処理と思われるときは、無処理だと価値が上がるので鑑別に出すことはあります。逆に、一般に何らかの処理が施されていると思われるものをわざわざ鑑別に出しても、コストがかかるだけで基本的には誰も得しません。そのため、ラベルに処理の記載がないものは処理されたものと思って買うことがほとんどです。

右上／ 5-1：無処理のアクアマリンとブルートパーズ
左上／ 5-2：加熱処理の可能性があるマヘンゲのピンクスピネル（Mahenge, Tanzania, 右：0.91ct、左：0.85ct）
下／ 5-3：非加熱の淡いモンタナサファイア（右）と加熱のモンタナサファイア（左）（Rock Creek, Montana, U.S., 右：1.53ct、左：1.07ct）

先に記したとおり、なかには著しく価値を損ねる方法もあります。拡散処理や含浸処理については購入時に確認することが望ましいでしょう。また、極端に安価なルースに対しては、これらの処理が施されている可能性を疑う必要があります。

●無処理が良いとは限らない

業者はあらゆる文句でコレクターを煽《あお》るものです。処理したルースが多く出回るなか、やたら無処理を推してくることがあります。しかしここで注意しなければならないのは、無処理なら価値が高いとは限らないということです。

たとえば、写真のように淡いブルーのモンタナサファイアは無処理ですが、色が淡いのでさほど評価は高くありません【5-3】。また、ミャンマーやスリランカの淡い色のサファイアは非加熱であっても低い価格で出回っていると聞きます。

また、処理しても美しくならない（見た目の変わらない）原石をわざわざ処理するようなことはありません。内部の状態がよくないために処理できない原石もあります。処理あるいは無処理の情報を開示することは大切ですが、やみくもに無処理を推してくるというのは考えものです。

●処理か無処理か

無処理がよいとは限らないといいました。では、処理石と無処理石の価値はどう判断されるのでしょうか。もっとも価値が高いのは美しい無処理のルースです。その次に価値が高いのは美しい処理石です。**無処理であっても美しくなければ評価は高くありません**。処理の有無という付加価値にこだわるあまり、美しさを後回しにすることは推奨できません。あくまでもルースの判断の決め手は美しさなのであるということを忘れてはいけません。

2　人の手で作られた宝石

そもそも天然でなく、人の手で作られた宝石も存在します。人造石や合成石のことです。私はサンプルを集める程度にとどめていますが、これに集中するコレクターもいるほどです。

歴史上、最初に誕生した合成石はルビーです。現在、合成ルビーは工業用としても広く用いられています。ルビーが宝飾用から工業用として広がったのに対して、工業用として開発された天然では存在しない材料を宝飾用に用いることもあります。

●人の手で作られた宝石の種類

人の手で作られた宝石には、以下のような種類があります。

合成石……天然に存在する宝石を人の手で再現したもの。
人造石……天然には存在しない、人工的に作られた物質。
模造石……外観や質感を似せただけのガラス、プラスチック、セラミック、貼り合わせ石、練り物。
類似石……ある宝石と外観の似た別の石。ダイヤモンドに対するジルコンなど。

●人の手で作られた宝石の評価と価格

合成石と人造石は天然石とは違い、評価も価格も低くなります。おそらくイミテーション用途のイメージが強いからかもしれません。しかし、短時間で簡単に作れるものではなく、なかには数か月を要するものもめずらしくあ

右上／ 5-4：天然には存在しない色の合成サファイア（信光社製、1.67ct）
左上／ 5-5：合成キュービックジルコニア（Preciosa社製）
右下／ 5-6：合成レッドベリル（Russia, 1.62ct）

郵便はがき

料金受取人払郵便

河内郵便局
承　認

508

差出有効期間
2021年3月
20日まで

（期間後は
切手を
お貼り下さい）

5788790

東大阪市川田3丁目1番27号

株式会社 創元社 通信販売係

創元社愛読者アンケート

今回お買いあげ
いただいた本

［ご感想］

本書を何でお知りになりましたか（新聞・雑誌名もお書きください）

1．書店　2．広告（　　　　　　）　3．書評（　　　　　　）　4．We

5．その他

◉この注文書にて最寄の書店へお申し込み下さい。

書籍注文書	書　名	冊数

◉書店ご不便の場合は直接御送本も致します。

代金は書籍到着後、郵便局もしくはコンビニエンスストアにてお支払い下さい。(振込用紙同封) 購入金額が3,000円未満の場合は、送料一律360円をご負担下さい。3,000円以上の場合は送料は無料です。

※購入金額が1万円以上になりますと代金引換宅急便となります。ご了承下さい。(下記に記入)

希望配達日時

【　月　日 午前・午後　14-16 ・ 16-18 ・ 18-20 ・ 19-21】

(投函からお手元に届くまで7日程かかります)

※購入金額が1万円未満の方で代金引換もしくは宅急便を希望される方はご連絡下さい。

通信販売係　Tel 072-966-4761　Fax 072-960-2392

Eメール tsuhan@sogensha.com

※ホームページでのご注文も承ります。

〈太枠内は必ずご記入下さい。(電話番号も必ずご記入下さい。)〉

お名前	フリガナ	歳
		男 ・ 女
ご住所	フリガナ	
	〒□□□-□□□□　E-mail: TEL　－　－	

メルマガ会員募集中!

お申込みはこちら

※ご記入いただいた個人情報につきましては、弊社からお客様へのご案内以外の用途には使用致しません。

りません。人の手で作るとはいえ、それなりのコストを要するものなのです。これらの宝石は美しさという点で天然石を凌《しの》ぐ、時には毒々しささえ感じるような、鮮やかな色をみせてくれます。

これらのルースは種類にもよりますが、キュービックジルコニアや合成ルビーなどは数百円から手に入ります。ところが、原石は安価であっても、徹底的に計算された特殊なカットのルースであれば10万円を超えることもあります。当然ですがイミテーションとして売られているときは、それなりに高価な値付けとなることがあります。

模造石と類似石はあくまでイミテーションです。それ以外の目的で使用されることはありません。そのため原価は低いのですが、エメラルドやサファイアなどの「本物」として売られているときは、しばしば高額になります。サンプルとして買うことはありますが、積極的に買うものではありません。

●合成石の楽しみ方

合成石に対してネガティブなイメージを持たれる方が多いです。いわゆるニセモノ扱いされがちだからです。そんな合成石でも楽しみ方はあります。

合成石は天然石に見られない色が存在します。そのため、宝石の種類によっては合成石を含めると一気にカラーバラエティが豊富になります【5-4】。また、天然石だと削りすぎてもったいないような大胆なカットでも合成石だと気軽に楽しめます。

3　中古品の掘り出し物

最近ルースコレクターの間で中古品や外し石の話題が増えているように思います。このことを少し考えてみましょう。一般的には、中古品というと価値が下がる、キズがあるというような、ネガティブなイメージがあるかもしれません。では、ある程度の耐久性があるルースの場合はどうでしょうか。

●身近な中古品

あらためて説明するまでもないかもしれませんが、イベントに出展する個人コレクターやSNSの個人アカウントからの放出品も、いってしまえば中古品です。

庶民には縁遠い存在ですが、有名なオークションで取り引きされる高級品でも、以前に持ち主がいれば中古品です。ですので私は、おそらくコレクターの多くは宝石の中古品に対して大きな抵抗はないのだろうと推測しています。

●外し石とは何か

外し石というのは、ジュエリーから宝石を外してルースとして流通させているものです。もとのジュエリーは、誰の手にも渡ることのなかった売れ残りの在庫もあれば、買い取り品など一度は消費者の手に渡った中古品もあります。一般的に、ジュエリーに使われたルースは数年から数十年で還流するという話もありますから、市場に外し石が紛れ込んでいてもおかしくありません。また、こうした中古品や外し石のルースは最近になって登場したわけではありません。以前から流通しています。

一方、新品と区別しないことを良しとしない買い手からのクレームがあるのは確かです。かといって、新品と外し石は鑑別すれば区別できるというものではありません。中古や外し石ということを明確に記載するのかは、あくまで売り手のモラルの問題です。

繰り返しになりますが、鑑別すれば何でもわかるというわけではありません。また、鑑別でわかることは買い手が後で確認できることでもあります。そうでない情報を買い手に明確に開示することが業者には求められるといえます。

●粗悪な中古品に注意

宝石には耐久性があるといいました。しかし、ジュエリーとして身に着けているときや、取り外してルースにするときに、キズがついたり欠けたりすることがあります。そのため、十分に価値のある商品として再度流通させるためには、キズや欠けを取り除く**リカット**（再研磨）が必要になります。

しかし実際には、リカットせずに取り外したそのままの状態で売られているものや、リカットの雑な残念なルースを目にすることがあります。また、リカットすると当然ルースは小さくなり、重さが変わってきます。ところが、重さが変わっているのに、もとのジュエリーに付属していたソーティング（第6章参照）をリカットされたルースに同梱するという話を聞いたことがあります。ルースとソーティングに記載された重さが一致しないので、それでは何のためのソーティングかわかりません。

例をあげるときりがありませんが、とにかく、中古品はお得な買い物ができる反面、粗悪品も少なくないということを意識してください。とはいえ、新品でも粗悪なルースはあるので神経質になる必要はありません。

●中古品のラベルの扱い

中古品や還流品のラベルに記載される情報は、鑑別機関が提示できる情報が限界です。つまり宝石の種類、重さ、大きさ、処理の有無が精一杯で、それ以上のことは記載できないでしょう。たとえば、産地についての情報を確認して記載するのはコストがかかるうえに困難です。

宝石についてては美しさが最優先されるため、産地にはこだわらない人が多いことが一因だと思います。あるいは、産地がラベルに記載されるのが一般的になる以前のものが流通しているのかもしれません。もし美しさを最優先に考えるのであれば、ラベルに産地の記載がない中古品・還流品を買い集めるのも選択肢のひとつだと思います。

●売り手に求められるモラル

先述のように、そもそも鑑別機関でわかる情報は買い手が後から知ることができます。それ以外の情報（産地、出自、新品か中古かの区別）は科学的な分析による鑑別では明らかにできません。これらの情報は売り手だけが知りうるものです。それゆえ、どれだけ多くの情報を買い手に対して明示するかが重要です。これらを積極的に開示するかは売り手のモラルに頼るしかありません。

たとえば、どうせ鑑別では明らかにならないという理由で新品と中古品に対して同じ値付けをする業者はどうでしょうか。丁寧にリカットすればその費用はかかりますが、仕入れを含む経費は、一般的に中古品を買い取るほうが低く抑えられます。仕入れの経費が異なり、なおかつ中古品と新品という違いのあるものを、見た目は変わらないという理由で同じ価格で売る業者もいます。このあたりにどう対応しているかが業者を見極めるポイントになります。

●とにかくお買い得

中古品・還流品は安く買えるのが最大のメリットだと思います。**リカットして見た目を整えてあれば、美しさという点においては新品でも中古品でも大きな差はない**ので、中古だからといって粗悪だとは思いません。繰り返しになりますが、粗悪なルースは新品か中古品かを問わずに売られているものです。新品であっても、外し石に見紛うようなカットのひどいルースを目にすることはあります。

採れなくなった宝石を探そう

宝石は限りある資源で、いつも安定して供給されるわけではありません。さまざまな理由から鉱山が閉山になることもあります。時には誰かが買い占めていることもあります。そのため、以前に出回ったルースを中古品・還流品の市場から探し出すということが必要になることもあります。

インド・カシミールのブルーサファイアやブラジル・バターリャのパライバトルマリンなどは、中古品を含めて探さないと入手は相当困難ではないでしょうか。

また、現在は青い石が流行のようです。それを考えると、レアストーン（第5節参照）ながら人気の高いベニトアイトやアウインも中古品から探すのが、やがて賢い選択になるかもしれません。もしかしたら、すでに還流品が流通している可能性もあります。

4　新発見!?の宝石

「新発見」の意味すること

ルース業界では、ほぼ毎年どこかで誰かが「新発見の宝石です！」と宣伝しますが、厳密には新発見とは限りません。たいていの場合、ルースに加工できるものが新しく見つかったという意味だと思ってください。つまり、鉱物としては以前から知られていたけれども、ルースとして出回ったのが初めてということです。最近では透明度の高い鮮やかな青〜緑色を示すグランディディエライトがこれに当てはまります。

また、いままで知られていなかった新しい産地という意味でも「新発見」という表現が使われます。近年ではモザンビークのロードライトガーネットがこれに当てはまります。

●「新発見」の宝石を買うこと

いかにもセンセーショナルですが、「新発見」の宝石を買うことは、博打としかいえません。いま出ているだけがすべてなのか、今後も安定して供給されるのか、人気が急上昇して価格が高騰することがあるのか、あるいは出回りすぎて下落するのかなど多くの不確定要素を含んでいるのです。こればかりは誰も予想することができません。ちなみに、ここ数年の「博打」の結果は以下のとおりです。

●アンデシン

アンデシンといえば鮮やかな赤色が特徴の宝石です。2002年にコンゴから産出したとされるものが市場に現れました。ほかにもチベットや内モンゴルでも同様のアンデシンが産出し、中国では北京オリンピックに合わせてプロモートされました。

ところが、コンゴからアンデシンが産出したという確証は得られていません。また、内モンゴル産のアンデシンは拡散処理（人為的な彩色）によるものであることが判明しました。チベット産は処理されていないと言われていますが、赤色の原因である銅が自然に取り込まれたものか拡散処理されたものかを現状では区別することはできないので、これまでの経緯からすれば、疑惑の目で見るのが自然だと思います。

アンデシンが登場した直後に飛びついたコレクターは処理石をつかまされた可能性が高いです。「新発見」は鑑別機関による調査が一段落したところで購入に踏み切るのがいいと思われた例です。

●グランディディエライト

グランディディエライトが鉱物として発見されたのは1902年のことです。鉱山のあるマダガスカルからの持ち出しは禁止されていたものの、その間も誰が持ち出したかはわかりませんが、不透明でお世辞にも美しいとはいえないルースはミネラルショーで売られていました。

ところが2017年に新しいポケットが発見され、グランディディエライトの美しいルースが一気に市場に出回りました。大粒のルースは少ないものの、小粒なものは多く出回ったため、すでに必要とするコレクターには行き渡ったように思います。

当然ですが、宝石質のものが見つかれば誰だって美しいほうを選びます。当初の不透明なルースの在庫は、現在はダブついて動く気配がありません。にもかかわらず、バンコクの市場を見ていると、業者は強気な値付けのままです。コレクターではなく業者だけが、新産の動向を見誤って失敗した例です。

ここ最近は価格が落ち着いたようですが、グランディディエライトはコレクターにとっては高価な宝石となってしまいました。今後グランディディエライトが新たに産出すれば価格が下がるかもしれませんが、新たな産出や価格の動向はわかりません。

●ロードライトガーネット

ロードライトガーネットは、以前からよく知られた宝石です。「新発見」とは無縁のようにも思えます。ところが、2016年にモザンビークから新しく高品質のものが発見されました。赤みを帯びていない紫色のもので、ほかには見られない色のロードライトガーネットでした。

それゆえ、以前から知られている宝石であるにもかかわらず、ミネラルショーなどで“New Found”（新発見）と広く宣伝され、当初は高値で取引されていました。いまでは供給も価格も安定し、安価で高品質なものが手に入るようになりました。

このロードライトガーネットについては、日本ではミネラルショーの前に鑑別機関のレポートが出たため、アン

右上／ 5-7：チベット産のアンデシン（Tibet, China, 1.01ct）
左上／ 5-8：新旧のグランディディエライト（Madagascar, 左：0.21ct, 右：0.28ct）
右下／ 5-9：モザンビークのロードライトガーネット（Mozambique, 1.63ct）
左下／ 5-10：フローライト・イン・クォーツ（Miandrivazo, Madagascar, 3.64ct）

デシンのような失敗は聞きません。もともと純粋な紫色の宝石で安定して供給されるものはアメシストしか存在しておらず、この新産のガーネットは紫色の宝石として重要なものとなるでしょう。

●フローライト・イン・クォーツ

クォーツのなかにフローライトの入り込んだものがマダガスカルで発見されました。これはルースコレクターよりも鉱物コレクターの間で話題になった宝石ですが、ルースも流通しています。

これまでのものは真っ先に飛びつくと失敗した例でしたが、フローライト・イン・クォーツは出遅れたら（いまのところ）入手できないものなのです。２０００年頃に登場して以後の発見は、本書の執筆時点では聞いていません。まれに旧在庫を見ることはありますが、入手の困難さを考えると、慎重になりすぎると失敗する例です。

このように、新産の宝石は最初に発見された後も安定的に供給できるとは限らないのですが、それを意識しすぎて高値をつかまされることもあります。また、今後ある時期に誰かが放出して一気に供給されることもありえます。これればかりは動きが読めません。

個人的な経験では、新産の宝石が入荷した直後のミネラルショーから少しずつ価格が安定していくケースが多いように思います。そのため、私は新産の宝石にはすぐに飛びつかず、価格が安定してから手を出すようにしています。

5　レアストーンとはどんな石か

コレクターも業者も「**レア**」（稀産）という言葉をよく使います。「レアもの」「レアストーン」といってコレクターの欲望を刺激し、コレクターもその言葉に何かと敏感に反応します。では、そうしたレアストーンとは、どのようなルースを指すのでしょうか。

レアストーンとされる宝石はそれなりに種類があります。しかし、実際のところ、レアストーンでもないのにレアだと言われているものが少なくありません。つまり、業者やコレクターが手に入れにくいと感じたから勝手にレアと言っているだけじゃないかと思うのです。たとえば、トラピッチェエメラルドをレアだと宣伝する業者がいます。ところが、展示会に行くと、バケツをひっくり返したようにトラピッチェエメラルドをショーケースに流し込んでいる業者が出展していたのです。「これだけあるのに何がレアストーンなんだ」と感じたことがあります。

そうはいってもコレクター垂涎《すいぜん》の真のレアストーンがあることは事実なので、詳しく見ていくことにしましょう。

コレクターにとってのレアストーンは、次のように4つに分類できると考えています。ただし、そもそもレアストーンの定義など存在しないので、これは私が勝手に分類しただけです。

①産出量が少ないもの
②カットされないもの
③産出する場所が限られているもの
④大粒のルースがきわめて稀なもの

上／5-11：グリーンスピネル（Mahenge, Tanzania, 0.26ct）
下／5-12：カラーレスクリソベリル（Mogok, Myanmar, 2.06ct）

①産出量が少ないもの

絶対数が限られているために希少とされるタイプの代表例はターフェアイト、マスグラバイト、ポードレッタイトでしょう。また、色も考慮するともう少し種類が増えます。たとえば、プロが存在そのものを信じないこともあるグリーンスピネルや、カラーレスクリソベリルが挙げられます。これらはほとんど採れないのですから、たしかにレアです。

私がポードレッタイトのルースを最初に見たのは2007年です。バンコクで馴染みの宝石商が事務所の奥から取り出して「とにかくめずらしいものでコレクターなら持っておくべき」といわれましたが、そのときは高価であきらめました。さすがレアなものだけあって、2度目の対面は2018年の大阪ショーで10年以上かかりました。ちなみに、このとき、ほかに2つのブースでポードレッタイトのルースが確認できました。また、その年の秋の京都ショーで原石を買ったという報告が複数ありました。最近ではネットショップで複数売り出されているので、どこかの業者が放出した可能性はあります。いずれにせよ、レアはレアです。そして、いまも多くのコレクターが血眼で探しています。

ターフェアイトはギネスブックに掲載されているレアストーンですが、いまはほかの石にその座を譲ったほうがいいだろうと思えるくらい売られています。私が買ったのは2001年ですが、そのときから値段は大きく変動していません。いまでは大きさを選ばなければ、数千円で購入可能です。「頼まれたらいつでも買ってきますよ」といってても差支えないほど出回っています。

むしろ、マスグラバイトこそギネスブックに掲載されるべきものだと思います。この石はいまのところ、国内では30個程度のルースがあるといわれており、世界を見ても100個も出回っていないといわれています。テレビ番組で紹介されたようですが、その後ミネラルショーで出回ることもありません。

マスグラバイトはターフェアイトときわめて近いもので、通常の鑑別では両者の区別はできません。そのため、

右上／ 5-13：ターフェアイト（Ratnapura, Sri Lanka, 0.56ct）
左上／ 5-14：ポードレッタイト（Mogok, Myanmar, 0.45ct）
右下／ 5-15：マスグラバイト（Ratnapura, Sri Lanka, 0.174ct）
左下／ 5-16：アポフィライト（Poona, India, 4.51ct）

これまでターフェアイトとして買ったものがマスグラバイトかもしれないと鑑別機関に持ち込まれるそうですが、これまでの鑑別が覆ったという話は聞きません。

②カットされない鉱物

鉱物コレクターにとってはありふれた石でも、ルースコレクターにとってはレアなものがあります。

たとえば、アポフィライトです【5-16】。鉱物コレクターにとっては数百円から入手可能な大変ポピュラーな石です。ところが、研磨がきわめて困難でルースが出回らないのです。簡単に割れてしまい、飛び散る破片が突き刺さりカットに危険をともなうと聞いたことがあります。

以前のミュンヘンショーでアポフィライトのルースが展示され、その写真を見せてもらったことがあります。原石のままでもキラキラ光る素敵な鉱物なので、カットされたときの輝きは見事でした。国内の業者が2つだけ持っていたものをネットで見たことがあります。こちらはミュンヘンショーのものとは違い、とにかくカットが悪く購入を見送りました。

サルファー（硫黄）のルースもめったに見ることがありません。少なくとも、国内のミネラルショーでは見たことがありません。海外のネットショップで見ることはありますが、いずれも高額です。鉱物だと数百円で買えるものが、ルースになると数万円にまで跳ね上がるのです。このサルファー、鮮やかな黄色を保ったままで、ある程度はカットできるのですが、磨いていくうちに表面がすりガラス状になってしまい、原石では見られる透明感がなくなってしまうのです。

そのほか、ソグディアナイトという宝石があります。不透明なのにカラーチェンジする不思議な宝石です【5-17】。見た目はスギライトに近く、両者が混同されていた時期もあったそうです。これもそこそこ採れるのですが、カットされないだけだと聞いたことがあります。

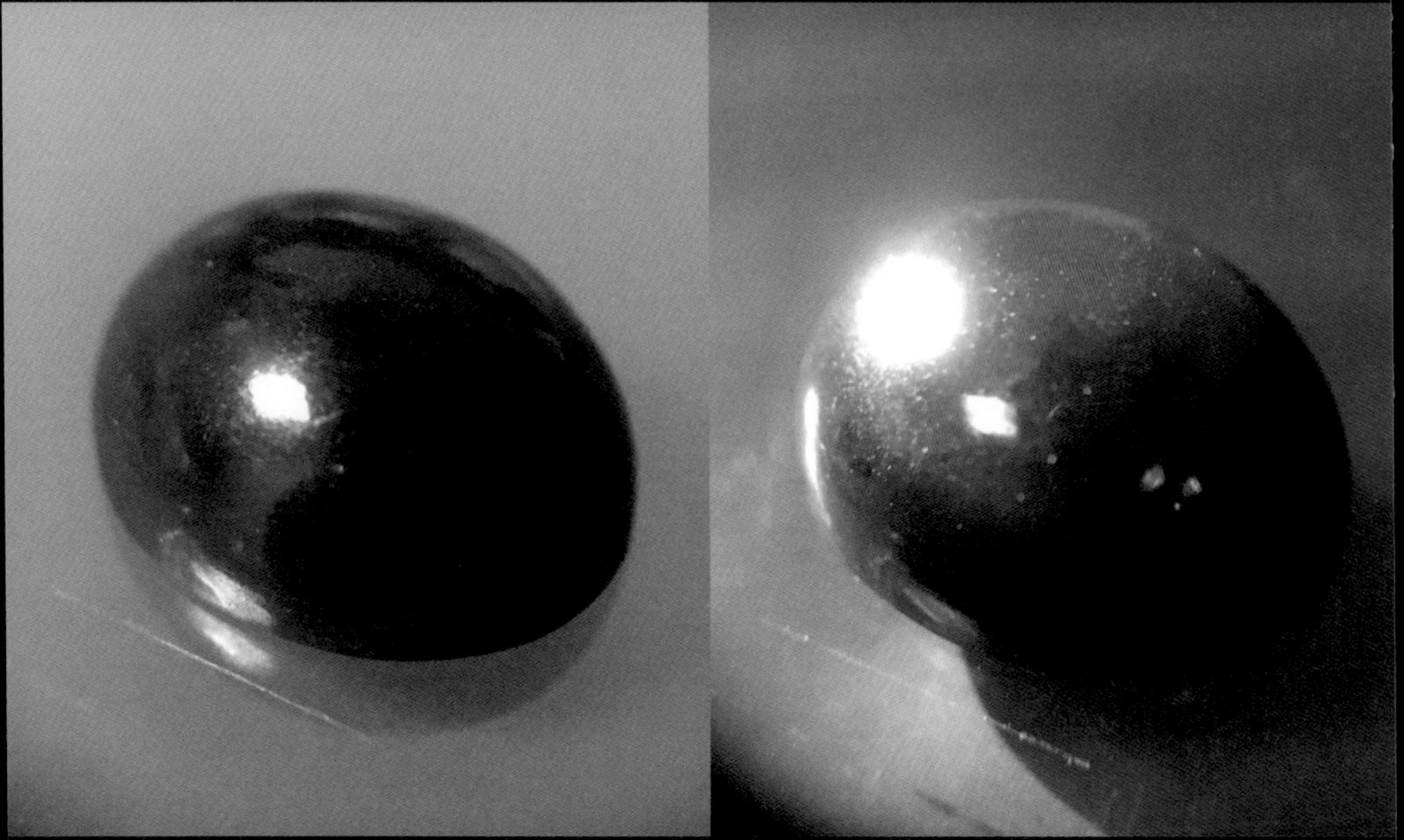

上／ 5-17：ソグディアナイト赤（右）とソグディアナイト紫（左）（Russia, 5.16ct）
右下／ 5-18：ロードクロサイト（Sweet Home Mine, Colorado, U.S., 0.96ct）
左下／ 5-19：フォスフォフィライト（Unificada Mine, Cerro Rico, Potosi, Bolivia, 0,41ct）

カットが困難なものとしてはスファレライト、スフェーンやロードクロサイト【5-18】があげられます。以前はイロモノ扱いされていましたが、いまではジュエリーに使われる一般的な素材となったように思います。もはやレアストーンとはいえないかもしれません。これらは耐久性に欠けるため、ジュエリーに加工することや身に着けることはお勧めしません。

一時にくらべてブームの落ち着いた感はありますが、フォスフォフィライト【5-19】もレアストーンです。産出量が多いとはいえませんが、ジュエリーにできるターフェアイトやマスグラバイトとは違い、カットが困難という性質がより希少性を高めていると思います。

③産出する場所の限られているもの

多くのレアストーンはここに分類されます。これまでに紹介したなかでマスグラバイト、ポードレッタイト、フォスフォフィライトは産出する場所が非常に限られています。グランディディエライトも宝石質のものはマダガスカルでしか産出しません。しかし、いまではレアストーンと言うには多すぎる数が出回っているように思います。

このほか、人気のあるものだとレッドベリル、アウイン、ベニトアイトがこの分類にあてはまります【5-20〜22】。ただし、これらはミネラルショーの常連といってもいいほど数は十分に出回っている常備在庫のような宝石なので、レアストーンといわれると個人的には違和感を覚えます。

④大粒のルースが少ないもの

ルースにすると小粒なものばかりの宝石もレアストーンといわれているようです。先述のレッドベリル、ベニトアイト、アウインが典型例です。さらにこれらは宝石質のものが採れる場所は世界中でそれぞれ1か所ずつしかな

右上／5-20：アウイン（Niedermendig, Eifel, Germany, 0.20ct）
左上／5-21：ベニトアイト（San Benito, California, U.S., 0.36ct）
右下／5-22：レッドベリル（Violet Claim, Wah Wah Mtn., Utah, U.S., 0.17ct）

く、0・5カラットを超えるものとなると入手が困難です。

ここまで入手困難といわれるからには、レアストーンの価格は高いのでしょうか。

実際に業者に話を聞いてみると、そもそも市場で多く流通しないから価格はそれほど上がらないといわれました。**ルースであっても価格はあくまで需要と供給で決まる**ものなのです。たとえ産出が少なくても、認知度が低く欲しがるコレクターがいなければ高額にはなりません。

それに比べ、同じくレアストーンとされるベニトアイトやアウインはポピュラーな宝石なので、国内の価格は上昇する一方です。あわせて青い宝石の人気が価格の上昇を後押ししていると思われます。

価格が暴騰しているのはフォスフォフィライトです。宝石をモチーフにしたとある漫画原作のアニメの影響で、フォスフォフィライトを求める人がミネラルショーに押し寄せました。もちろん業者が何もしないはずはなく、価格はアニメの放送前後で10倍くらい跳ね上がったのではないでしょうか。

●レアストーンの価格

一方、**初めて名前を聞くようなものは、自分のお財布と相談して対応する**しかありません。いってしまえば時価です。カッター（研磨の職人）のコメントを信じて、言い値で買うしかないのです。比較して判断するための材料がないからです。たとえば、写真のスコロダイトは3500円ほどで買いました【5-23】。鉱物コレクターには比較的知られていますが、ルースコレクターにはなじみのない宝石です。結晶サイズが数ミリでさえ大きい部類に入るという石なので、これについては、スコロダイトの部分が数ミリあるこのルースはお買い得だったのかもしれないと判断するしかありません。

右／5-23：スコロダイト（左上の淡い青色の部分、Pingtouling Mine, Liannan Co., Qingyuan, Guangdong, China, 1.31ct）
左／5-24：バナジナイト（Morocco, 1.55ct）

●レアストーンをどう評価するか

レアストーンであっても基本的にはほかの宝石と同じ扱いです。つまり「美しさ」「希少性」「耐久性」で評価されます。ただし、とくに希少性に重点を置くので、美しさと耐久性は一般的なルースほど（おそらく相対的には）考慮されません。

コレクターのなかには耐久性を無視して、とにかく何でもルースになればよいという人から、ある程度の美しさを求める人、何カラット以下のものは集めないという人などがいます。こうしてどこかで線引きすることで、底なしの沼に沈むのを回避しているようです。私の場合は0・1カラット未満のものには手を出さないというかたちで線引きしています。

先述のスコロダイトは、美しさという点では高く評価されることはないでしょう。一方、写真のバナジナイトに耐久性はありませんが鮮やかな赤色が美しくカットが整っており、この点は高く評価されるでしょう【5-24】。

美しさというのは色だけをいうのではありません。正確にカットされているかも重要です（第4章参照）。どんなに希少性が高く美しい色であっても、カットが悪ければ高く評価されることはありません。レアストーンの評価は希少性に最も重点が置かれるものの、総合的なバランスで決まるといってもいいでしょう。

第6章 鑑別に出そう

買ったルースのなかに、「無処理といわれたけど処理石かもしれない」「天然といわれたけど合成かもしれない」など、どことなくあやしげな雰囲気を感じたときは**鑑別**に出すことをお勧めします。とくにネットショップで買った場合は**ソーティング（簡易鑑別）**だけでもよいので、鑑別機関にチェックしてもらうといいでしょう。

たとえば私の経験では、きわめて少ないことですが、ネットショップで購入したルースに、合成石が混ざっていたことがありました。これはコレクター自身で対応できる程度の問題であり、返品して終わらせました。また、海外で業者の仕入れた宝石のロットが、鑑別の結果すべてガラスであったという話を聞いたことがあるので気を抜けません。

ルースを整理するためにネットオークションに出したり、イベントに出展したりするとき、自分の商品がラベルの記載と異なっているとトラブルになります。事前に鑑別に出すことをお勧めします（第10章参照）。

1　鑑別とは

鑑別とはひとことでいうと､宝石の種類を特定することです。たとえば､手元の赤色のルースがルビーなのかガーネットなのか、それともスピネルなのか……といった具合に自分では判断できないとき、その**宝石の種類を調べてもらうことが鑑別**です。

宝石の種類を特定するためには、屈折率や蛍光性など光学的な検査、顕微鏡での拡大検査などを行います。これらの結果から総合的に宝石の種類が判断されます。

また、費用に応じて処理の有無やその他の石の特徴を分析してもらうことも、ある程度は可能です。

2　鑑別と鑑定の違い

鑑別と似た言葉に鑑定があります。この2つの違いは何でしょうか。鑑別とは上述のとおり、何かよくわからない宝石の種類を判断することです。

一方、**鑑定とは価値を評価すること**をいいます。宝石の場合はダイヤモンドだけが鑑定の対象となり、その結果は鑑定書に記載されます。鑑別と鑑定は何を見極めるかがまったく違うのです。

3 鑑別の費用

前述のとおり、鑑別はさまざまな検査が行われ、その検査の方法によって費用が異なります。

宝石を入れたチャック袋に鑑別結果を記載したシールが貼りつけられるというのがソーティングでよくあり、最も安い方法です。費用は鑑別機関により異なりますが1石あたり500円～（税別）で、宝石の種類や重さなど必要最低限の情報がわかります。

ここで重要なことは、**鑑別機関は支払った費用に応じた検査しかしない**ということです。あたりまえの話なのですが、ソーティングの費用しか支払っていないのであれば、ルースの処理の有無など別途費用の発生する検査はしてくれません。

サファイアの加熱／非加熱やルビーのガラス含浸の有無、パライバトルマリンの産地推定など、特別な検査が必要な場合は別途費用がかかります。依頼する前にウェブサイトなどで各鑑別機関の料金表を確認しましょう。

ちなみに、鑑別機関によっては、こちらが頼んでもいないのにコメント欄に「通常－加熱」「通常－照射」などと記載することがあります。これは「（この種類には）通常加熱処理が施されています」といった豆知識を記

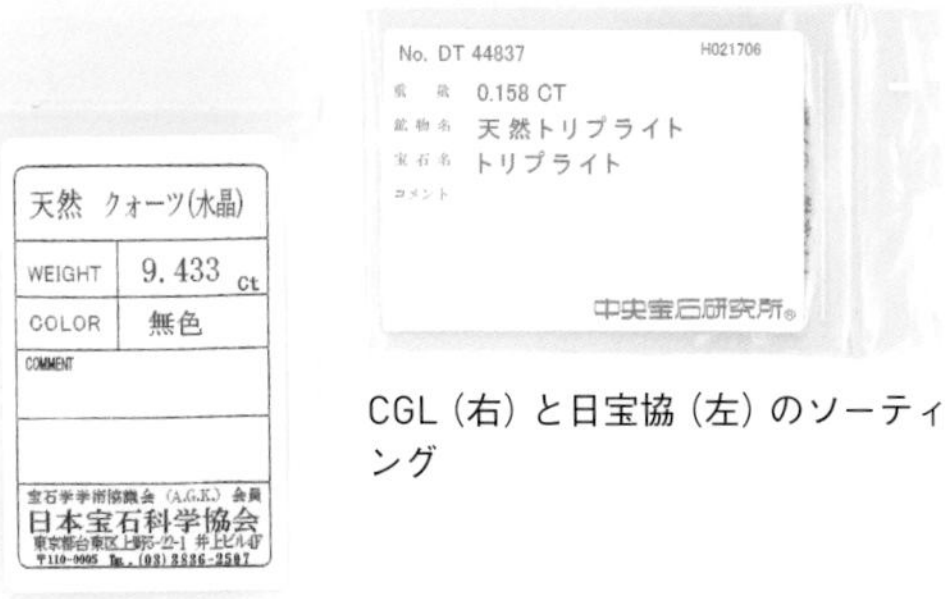

CGL（右）と日宝協（左）のソーティング

AIGS のルビーの非加熱鑑別書

載しているにすぎません。依頼もせず追加料金を支払ってもない検査まで丁寧にやってくれる鑑別機関はありません。「通常 - 加熱」だと非加熱の可能性が高いという人もいますが、そういうことを意味するコメントでないことを知っておく必要があります。

4 おもな鑑別機関

鑑別機関の所在地は大都市に集中していますが、宅配便による受付もあるので地方のコレクターでも鑑別の依頼は可能です。詳細は各鑑別機関のウェブサイトなどを参照してください。

なお、業界では鑑別機関をＡ鑑、Ｂ鑑、Ｃ鑑とランク付けしています。できればＧＩＡ、ＡＧＴ、ＣＧＬといったＡ鑑と呼ばれるところに依頼するのがいいでしょう。ほかにもＡ鑑ではありませんが日独宝石研究所や日本宝石科学協会に依頼するコレクターもよくいます。

5 鑑別の信頼性

鑑別機関による検査は信頼できるものなのでしょうか。実は、鑑別機関により厳しいところと緩いところがあり、業者は売りやすい結果がでるように使い分けているという話を聞きます。

たとえばパパラチアサファイアは鑑別が必要な宝石ですが、鑑別機関によって同じルースでも異なる結果が出ることで知られています。とくに色のチェックにおいては検査結果にブレが生じやすいようです。

私の聞いた話ですが、A鑑のX社で無処理のダイヤモンドとされ、Y社でも同様の鑑別結果だったにもかかわらず、再度X社に持ち込んだところ処理石という結果になったことがあったそうです。つまり、**科学的な手法で厳密に検査しているようでも、100%正確というわけではない**のです。

また、第4章でも述べたように、偽造された鑑別書もあるので注意が必要です。

6　鑑別には賞味期限がある

ルースを一度鑑別に出せば、その結果は半永久的に保証されるというわけではありません。宝石の処理技術は発達し続けており、鑑別機関は新しい技術による処理を看破するために研究し続けています。いわば、いたちごっこの状態です。実は持ち込んだルースに処理石ではないという結果が出たとしても、鑑別機関の認知していない新しい技術で処理されていることも十分にありえます。

鑑別済のルースの結果が後に覆ったことで有名なのはパパラチアサファイアです。もともと供給の少なかったパパラチアサファイアが、ある時期を境に供給が急増したのです。不自然に思った関係者が調査したところ、これらは拡散処理の施されたものであることがわかりました。

拡散処理のパパラチアサファイアが認知される前に鑑別に出されたものは、処理石という鑑別結果になっていません。それまで処理石として扱われてこなかったものが、ある日を境に突然処理石となったのです。当然、その価値は急落です。

このように鑑別結果はのちのち覆る可能性があるということを知っておく必要があります。鑑別結果には賞味期限があるものなのです。

7 コマーシャルネームとフォールスネーム

たとえば「ピンクタンザナイト」として売られていたルースを購入して鑑別機関に持ち込んだとします。このルースが本物であったとしても鑑別書には「天然ゾイサイト」と記載されます。宝石名としてのタンザナイトは青色のゾイサイト（鉱物名）のみを指すからです（ブルーゾイサイトが鑑別書にタンザナイトと表記されるようになったのは2018年のことなので、以前の在庫にはブルーゾイサイトと記載された鑑別書やソーティングが付属する可能性があります）。このように、買った時の名称と鑑別書に記載される名称がかならずしも一致するとは限りません。

宝石名は基本的には鉱物名をもとに規定されているのですが、そこに当てはまらない名称で売られていることがよくあります。そのような名称にはコマーシャルネームとフォールスネームがあります。コマーシャルネームとは宣伝目的でつけられた宝石名とは異なる名称です。先述のタンザナイトはもともとはティファニー社が名づけたコマーシャルネームという扱いでした。また、フォールスネームとは、色など外観の似た宝石の名前に俗称を冠した誤称のことです。ある宝石と無関係な宝石を用いたものが多く、「シトリントパーズ」（シトリン）や「ウォーターサファイア」（アイオライト）などが挙げられます。

フォールスネームである「ウォーターサファイア」という名称のルースを購入して鑑別機関に持ち込んだ場合、鑑別書にはまったく異なる宝石名「アイオライト」という名称が記載されることになります。サファイアと思って買ったのに鑑別書にサファイアの文字は見当たりません。

こういった呼び方は大変まぎらわしく、うっかり買ってしまいそうになります。こればかりは名称を覚える以外に手立てはありませんが、フォールスネームもコマーシャルネームも相当数あるので、現実的ではありません。個人的には初耳であればインターネットで検索することで対応しています。

第7章 ルースの収納のしかた

たいていのルースは小さなもので、見た目での区別が難しいことも多いことから、こまめに整理する必要があります。ここではルースの収納方法について説明します。

ルースがケースに入れて売られている場合は、そのケースに入れたまま保存することが多いのではないでしょうか。そうはいっても、業者によってケースの大きさはバラバラです。同一の業者が違うサイズのルースケースを使うこともあります。その場合は同じ大きさのルースケースを大量に購入して、ケースの大きさを揃えるというやり方があります。統一感のあるほうが見た目は美しくなります。

ルースケースの大きさが揃えば、ルースケースを収納するための什器《じゅうき》を使うことができます。ミネラルショーで業者が陳列に使うものです。少々かさばりますが、持ち運びや整理は容易になります。

ルースケースや什器はミネラルショー、御徒町のリアル店舗やネットショップで簡単に購入できます。ただ、その価格を見ると、ケースや什器よりルースを買いたいと思うことがあるかもしれません。

ルースはケースに入れて売られているとは限りません。ロットから選んだ場合はチャック袋に入れて渡されるこ

ルースケースを収納する什器

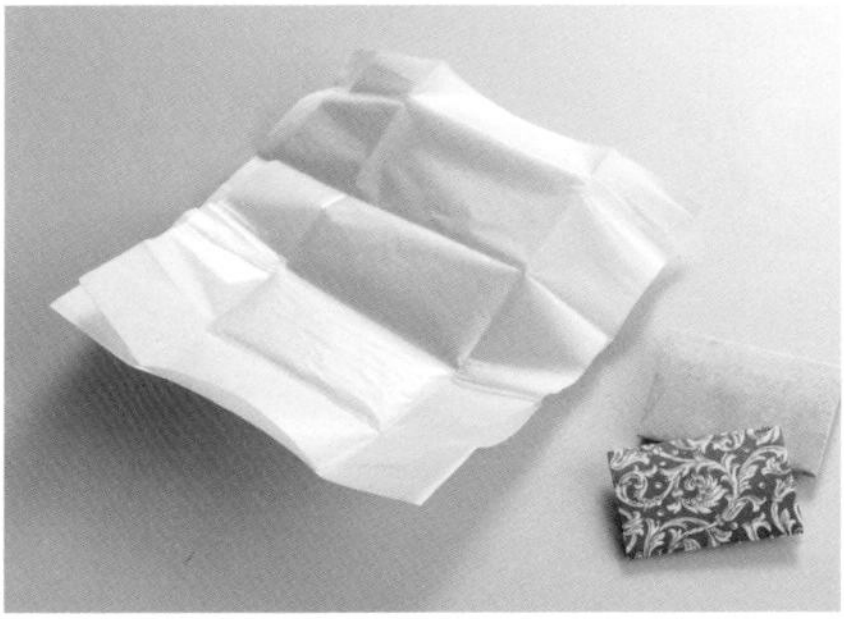
タトウ紙

ルースケース

チャック袋を使った収納法。裏面にはラベルをいれてある

とがよくあります。また、海外で購入した場合はタトウ紙に入れて送られてくることがあります。こういった場合もルースケースに移し替えるのがよいと思います。

ルースケースは思いのほかかさばるものです。ルースケースや什器がいつ廃盤になるかもわかりません。そのため、私はチャック袋にコットンと一緒にルースをつめて、名刺用のファイルに入れるようにしています。コレクター仲間からは「愛情が感じられない」「キズがつくぞ」「業者みたい」「災害時に持ち運びができる」など、いろいろな言われ方をする収納法ですが、いまのところ不自由はありません。

第2部

ルースコレクターを極めよう

(応用編)

ルースコレクター Lv. 114
HP:981 ランク:S
MP:857 [スキル]
ちから:241 鑑定眼 Lv.10
すばやさ:881 研磨魔法Lv.10
かしこさ:798 生存術 Lv.10
ちしき:943 交渉術 Lv.9
こううん:777 石への渇望

第8章 コレクター仲間を増やそう

1 ルースコレクターの悩み

ルースコレクターが世の中にどれだけ存在しているかわかりませんが、それほど多くはないでしょう。少なくとも、鉱物コレクターやジュエリーコレクターのほうが多いだろうと思います。そのため、知識やコレクションを共有できる同志が見つからないことや、自分の好みのポイントを理解してくれる相手のいないことが、ルースコレクターの悩みともいえます。

人から尋ねられたときに「石を集めています」といったところで、「ルース」という言葉を知っている人にめぐりあうことはまずありません。かといって、ルース収集はジュエリーほどお金のかかる趣味ではないので、「宝石のコレクションです」というのはどことなく気が引けます。

また、先に説明したとおり、ルースコレクターの考える宝石の種類が中途半端なため、鉱物やジュエリーのコレクターとはいまひとつ話が合いません。これも悩みのひとつです。宝石というくくりではジュエリーに近いような気もしますが、「ボラサイトのルースをゲットした！」と大喜びしても、ジュエリーコレクターには何ひとつわかっ

右上／ 8-1：ボラサイト（Germany, 0.50ct）
左上／ 8-2：ウィゼライト（U.S., 1.00ct）
右下／ 8-3：ターブッタイト（Zambia, 0.69ct）

てもらえません。ボラサイト【8–1】はジュエリーにならない素材だからです。

一方、同じものを鉱物コレクターに見せたところで「何でカットするんだ！　もったいない！」と怒られることがあります。あえて言っておきますが、研磨用の原石は鉱物コレクターが手に取るようなものではなく、形の整った結晶は通常研磨しません。何でもかんでもカットするわけではないのです。ここをわかってもらえないのも悩みのひとつです。

2　コレクターもさまざま

鉱物やジュエリーコレクターに比べれば数は少ないとはいえ、ルースコレクターは世界中にいます。自分と相性のよいコレクターは必ず見つかるはずです。そのため、まずどんなコレクターがいるかを知る必要があります。たとえば、次のようにルースコレクターにもいろいろなタイプがあります。

- **ルースと鉱物を集める**
- **ルースも好きだけどジュエリーとして身に着けることもある**
- **特定の色だけ集める**
- **特定の種類だけ集める**
- **特定の大きさにこだわる**

など、人によってさまざまです（第5節参照）。自分がどのタイプなのかを把握したうえで、次節以降で説明するようにＳＮＳなどで仲間を探しましょう。

時にはルースコレクター同士でもわかり合えないことがあります。自分のことを理解してくれるコレクターを探すことが、この趣味を長く続けるためには必要かもしれませんが、そういう相手がすぐに見つかるとは限りません。

3　ＳＮＳを使いこなそう

気の置けないコレクター仲間を探すのに最も簡単な方法は、ＳＮＳを使うことです。ツイッター（Twitter）やインスタグラム（Instagram）には多くのコレクターが出入りしています。

コレクターは往々にして、自分のコレクションを見てもらいたいと思っているものですから、持っているルースの写真をしばしばＳＮＳにアップしています。それを見れば、その人がどのようなタイプのルースコレクターかおおよそ見当がつきます。

ＳＮＳなら容易にコミュニケーションが取れるので、ＳＮＳでのやりとりが自分を理解してくれる相手を探す近道だと思います。

4　石会のすすめ

ＳＮＳをきっかけとして、「**石会**《いしかい》」に参加してみるのもいいかもしれません。石会とは、**ルースコレクターの親睦会や交流会**のことです。おもにミネラルショー（第３章参照）の後に開催されることが多いようですが、不定期で、時には突発的に、ＳＮＳで誰かが呼びかけているようです。最近はオンラインの石会や業者主催の石会もあります。誰でも参加できる石会もあるので、気軽に顔を出してみてはいかがでしょうか。

●何をする会なのか

では、その石会ではいったい何が行われるのでしょうか。まずはオフライン（リアル）の石会について説明します。

人数や規模に応じて雰囲気はさまざまですが、おおむねどの石会も、**まずは参加者のコレクションを眺めること**からはじまります。

ひと通り眺め終わったら、次は**情報交換**の時間です。宝石の産地や相場などマーケットの動向についてはもちろん、業者の評判や噂話など、あらゆる情報を交換します。ネット上ではいえないことも、ここでは遠慮する必要はありません。仲間同士で心ゆくまで鉱物やルースのことを楽しくおしゃべりできるのです。石会のスタイルはお茶会、食事会、飲み会などさまざまです。

また、コレクションの交換を目的とした石会もあります。いらなくなったルースを放出する、市場から姿を消したルースを探す、小売価格より安いコレクター価格でルースを手に入れるなど、有効活用してコレクションの幅を広げる機会でもあります。

●オフラインの石会での注意事項

私もこれまで何度も石会に参加していますが、そのときは以下のことに注意しています。

①参加者にアルコールが入りはじめたら、コレクションをかたづける

酔っぱらいに自分のコレクションを触られたくないのは、破損や紛失の恐れがあるからです。ルースは小さく壊れやすいものなので、**丁寧に扱えない人の前ではコレクションを見せることは避けましょう。**

アルコールだけでなく、料理やお菓子が供されはじめたらルースをかたづけることもあります。参加者がルースに集中できなくなったらトラブルの危険性は高くなるからです。

②どこの誰かわからない人ばかりの石会には参加しない

破損や紛失だけでなく盗難も気がかりなので、**本名も連絡先もわからない人や、それを伝えることを拒否する相手のいる場所は、避ける**ようにしています。

私が初めて参加した石会では、幹事に名前と住所と連絡先を伝えると招待状代わりのハガキが送られてくるというシステムでした。

SNSで呼びかける石会の場合には、匿名性の高いニックネームでやりとりすることがほとんどなので、注意が必要です。トラブルがあったときに対応できる条件かを見極めたうえで石会に参加しましょう。

③望ましくない個人間取引には絶対に応じない

他人のルースを眺めていると、そのコレクションがとても魅力的なものに感じます。そして、自分のコレクションも相手からそのように見られています。そのため、石会では当然のように「それ欲しい！」という人が現れます。たいていは褒《ほ》め言葉なのですが、時には自分のものにしたいという強烈な願いをダイレクトにぶつけてくる人もいるのです。これは断固拒否しましょう。ルースは安易に手放すと激しく後悔するうえ、同じようなものは簡単に見つかるとはかぎりません。そもそも、同じものが簡単に見つかるなら、欲しがっている相手に入手できそうな場所を教えればいいだけの話です（ショップを教えたくないという人も少なくありません）。**その場の雰**

囲気や相手の熱意に押し切られて、自分のコレクションを失わないようにしてください。

④人数の多すぎる石会には参加しない

人数の多すぎる石会というのも考えものです。いつのまにか自分の目の届かないところにルースが移動していることがあり、紛失や盗難のおそれがあるからです。

たとえばハンドルネームしかわからない人が十数人も集まる居酒屋での石会など、悪夢でしかありません。「石会」に参加するときは、上記のことをふまえて、自分のコレクションは自分で守ることを心がけてください。

●オンライン石会

コロナ禍の影響でズーム（Zoom）やスカイプ（Skype）を使ったオンラインの石会が一気に普及しました。オンラインの石会のメリット・デメリットを説明するので、オンラインとオフラインをうまく使い分けて石会を楽しんでください。

オンライン石会で明らかにオフライン石会に劣ってしまう点は、ルースそのものを十分に楽しめないことです。スマートフォンやパソコンに内蔵されたカメラでルースを撮影するのは難しいため、やむを得ないでしょう。個人的には写真を見てもらうことで対応しています。オフラインであればルースを眺めながら話をはずませるのですが、オンラインでは難しいかもしれません。とはいえ、オンライン石会が広まったのは最近のことなので、今後コレクターがカメラ越しのルースの扱いを覚えれば、この問題は解消されるかもしれません。

逆にメリットもあります。ルースはつねに自分の手元にあるわけなので、盗難や破損にといったことに気を遣う必要がありません。おそらく、これがオンライン石会の最大のメリットでしょう。

また、セキュリティへの配慮が不要なので、個人情報を伝える必要がなくなります。ハンドルネームでの参加が可能になり、連絡先の交換も不要です。なんらかの事情で顔出しできない人は、顔を出さずにすみます。音声だけの参加もめずらしくありません。

石会はルースを眺めるだけが目的ではありません。（いまのところ）情報交換がメインのオンライン石会でも十分に楽しめます。とある参加者の探し物をほかの参加者が見つけてURLをメッセージで送るといったこともありました。リアルでなくてもいろいろな可能性があると思います。

5 ルースコレクターのこだわり

先ほどもふれましたが、ルースの集め方は人それぞれです。どのルースコレクターも独自のこだわりをもって集めているのです。ここでは、どのようなこだわりの傾向があるのかを紹介していきます。

石会に参加すると、自分とは異なる集め方のコレクターに出会うことがあるでしょう。ユニークな集め方をしているコレクターのコレクションは大変面白く、また、参考になるものです。それぞれのコレクターの「専門分野」を知ることができ、何かわからないことがあればアドバイスを求めることができます。

●インクルージョンを楽しむ人

宝石の世界では美観を損ねる厄介者扱いされることの多いインクルージョンですが、これを楽しむコレクターもいます【8-4、5】。

インクルージョンは肉眼でわかるものから顕微鏡で観察する必要があるものまでさまざまです。表面がすりガラス状になっていることの多い鉱物よりも、研磨され光を通すルースのほうがインクルージョンの観察には適してい

上／ 8-4：ルチル・イン・アレキガーネット（Taita Hills, Tsavo West, Voi, Taita-Taveta Co., Kenya, 1.11ct）
下／ 8-5：非加熱のサファイアに見られるシルクインクルージョン（Rock Creek, Montana, U.S., 1.04ct）

ると思います。

●特殊効果を楽しむ人

宝石には独特の輝きや色合いを持つものがあります。「特殊効果」と呼ばれるものでシャトヤンシー（キャッツアイ）、アステリズム（スター）、カラーチェンジなどがあります（第2章参照）。石の個性がよく表れるので、特殊効果を持つ石を集め続けるコレクターもいます【8-6、7】。

●特定の宝石種を集め続ける人

私はこのタイプのコレクターで、ガーネットばかり集めています。ほかにもトルマリン・コレクターやサファイア・コレクターなど、ルースコレクターには比較的多くみられる傾向ではないでしょうか。このタイプには、カラーバラエティの豊富な種類を集める人が多いように思います。

●特定の色だけ集め続ける人

私はこのタイプのコレクターでもあります。私の場合、無色透明のルースを集めていますが、そもそも無色透明のルースはダイヤモンド以外人気がありません。このタイプは青色が圧倒的に人気のように思います。ちなみに、ほかに人気のない色は黄色だそうです。

また、単色に限定されるわけではありません。ひとつのルースに2つの色が見られるバイカラーだけ集めるコレクターもいます。

●特定のカットだけ集める人

ルースのカットにはさまざまありますが、特定のカットだけを集めるコレクターがいます。ラウンドカットにこだわるコレクター、さらには「6ミリラウンド」など大きさまで指定するコレクターもいます。

私の場合、特定のカットとは言いにくいのですが、ファセットカットのルースばかり集めて、カボションカットは基本的には避けています。そのため、シャトヤンシーやスターの出るルースは手元にほとんどありません。また、国内ではほとんど流通の少ない特殊なカットのルースも集めはじめました（第9章参照）。

●特定の産地だけ集める人

ルースでもラベルに産地を記載することが一般的になってきました。そのため産地にこだわるコレクターも存在します。とはいえ、ルースは鉱物ほど産地が重要視されないことと、ある土地で産出するすべての鉱物がルースにできるわけではないことから、同一の産地で多くの種類のルースが流通することは少ないです。有名なのはミャンマーのモゴククらいでしょうか。マニアックなところだとカナダのジェフリー鉱山やナミビアのツメブ鉱山などがあります。「特定の産地のものを（たまたま）見つけたら買うようにする」という程度のこだわりでしょうか。

●同一種でいろいろな産地のものを集める人

ルースの場合、産地にこだわる場合は、特定の産地のものを集中的に集めるというより、同じ種類の宝石を異なる産地で集めていくというかたちになります。世界各地から産出されるコランダムやガーネットなどがその対象になります。

ただし、クォーツも世界各地から産出されますが、産地買いの対象にはなりません（少なくとも聞いたことはありません）。それは、無色透明のルースの場合は個性が乏しく、産地買いの意味がないからです。

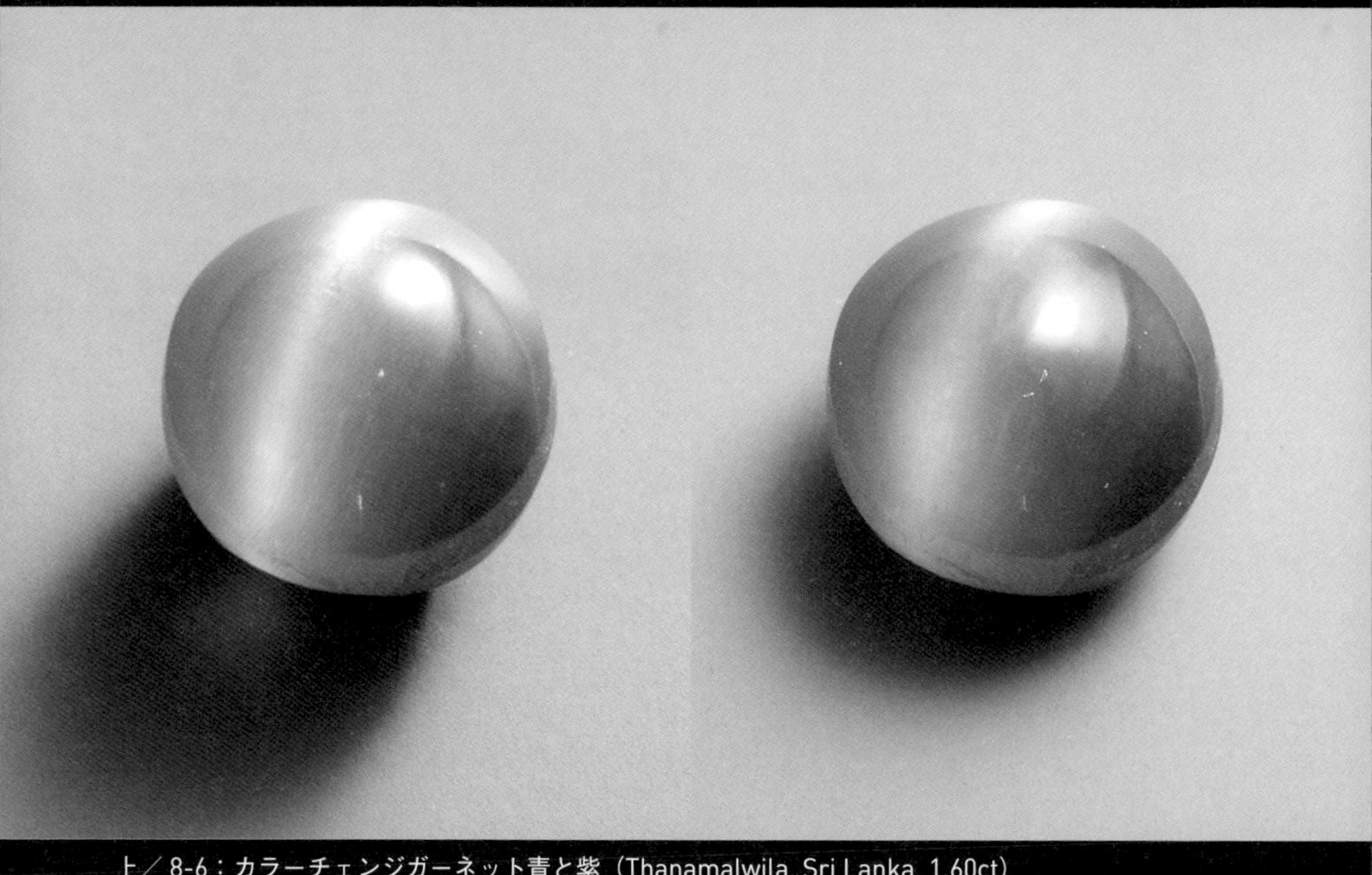

上／ 8-6：カラーチェンジガーネット青と紫（Thanamalwila, Sri Lanka, 1.60ct）
下／ 8-7：アレキサンドライトキャッツアイ紫と緑（Orissa, India, 0.67ct）

●大きいルースが好きな人

大きいものを買うと所有欲が満たされます。異論はありません。しかし、普通は結晶が大きければ大きいほど値段は高くなるのですから、予算の限られる庶民には、大粒のルースなどめったに買えるものではありません。そうは言っても、とにかく大きさを最優先しているコレクターはいます。品質が多少悪くても目をつむり、予算内でできるだけ大きなルースを買い続けるコレクターです。

●レアストーンが好きな人

これはもっとも危険な沼です。これを生業にすると終わりが見えません。一般的なルースコレクターが初めて聞く名前ばかりを連呼する、鑑定士でも見たことのないようなルースを多数所有するコレクターです。どういうものが「レア」とされるのかについては第5章で詳しく説明しています。

6　コレクター同士の協力

こうしたこだわりの傾向を把握しておくことは重要です。自分のコレクションの方針が定まるというだけでなく、情報交換がしやすくなるからです。たとえば、石会などを通じて自分のこだわりや探しているものを周囲に伝えておくと、ミネラルショーの際に仲間が連絡をくれることがあります。「○○番ブースに○○あるよ！」といった具合です。また、こちらから同様の連絡を入れることもあります。利害関係のないコレクターが周囲に増えると、協力しながらルースを買い集めることができるようになります。

第9章 宝石を求めて海外へ

日本で宝石はほとんど採れません。国産の見栄えのいいルースは期待できないのです。比較的手に入れやすいのは、加工には不向きですが、北海道のロードクロサイトくらいでしょうか【9-1】。ファセットカットできる品質のものでは、クォーツとトパーズ【9-2】は採れますが、茶色や無色透明など人気のない色のものばかりです。国内で採れるルースは「国産である」こと以外にセールスポイントはないといってもいいかもしれません。奈良県のレインボーガーネットが騒ぎになったことはありますが、ルースとしての評価は割れています。

ルースを扱う大規模なマーケットやミネラルショーは海外ばかりです。ルース業者は、ツーソン（アメリカ）、ミュンヘン（ドイツ）、サン＝マリ（フランス）、バンコク（タイ）、香港など海外で開催される大きなミネラルショーか、タイやミャンマーなどのマーケットで仕入れをしています。なかには、現地の鉱山主と肩を並べた写真で宣伝する業者もいます。

海外買い付けといいつつネット経由で仕入れている業者がいるとも聞きますが、このことは日本国内での調達に

右／9-1：国産ロードクロサイト（稲倉石鉱山、北海道、日本、6.90ct）

は限界があるということの表れかもしれません。

では、宝石が採れず、大きなミネラルショーもマーケットもない日本にとどまらず、ルースコレクターなら海外へ足を運ぶべきなのでしょうか。ここでは海外買い付けの例として、初心者でもアクセスの容易なバンコクのマーケットとミュンヘンショーについて紹介します。

1 なぜ海外で宝石を探すのか

私は毎年海外に出かけて宝石を探しています。それは、写真のような、国内では見つからないものを探すためです。【9-3、4】とはいっても、わざわざ宝石だけを目的に出かけるほどではありません。旅行のついでに宝石を探しています。旅先や経由地にマーケットがあるから宝石を買っているだけです。

お買い得な宝石は日本のミネラルショーでも見つかります。個人の場合は、海外で安く買えたとしても、諸経費を上乗せすれば結局は高い買い物になってしまいます。安価なルースだけを目的にコレクターがわざわざ海外に旅に出るというのは、あまりおすすめできません。コストパフォーマンスだけを考えれば、国内のネットショップで買い物を済ますのが最適です。

また海外は所得も物価も上昇しており、アジアを中心に富裕層が高額の宝石を買い漁《あさ》っているのですから、デフレで賃金の伸びない日本人が彼らと競争して海外で買い付けるのは無理があるともいえるでしょう。

そうはいっても、海外だからこそ手に入る宝石があるので、近くにマーケットがあれば必ず立ち寄るのです。

右／ 9-3：ミュンヘンで購入したオレゴンサンストーン（Oregon, U.S., 2.05ct）
左／ 9-4：ミュンヘンで購入したハイドログロッシュラー（Russia, 1.01ct）

2　海外へ行く前に

●ニセモノを知ろう

とくにアジアでは、処理石を無処理と偽る、人造石や模造石を天然石として売りつけてくるなど、トラブルの火種が少なからずあります。こういった場面で対応するために必要なことがあります。それは、いわゆる「ニセモノ」を知ることです。

ネットで調べれば処理石の画像は簡単に見つかります。合成石と天然石の見分け方を書いたブログなどがあります。しかし、これを頭に叩き込むだけでは不十分です。

個人的な経験からいうと、実際にニセモノ、つまり処理石や合成石を手に取って知っておくべきだと思います。プロでもだまされてしまうような見極めの難しいルースも出回っているので、ネット上の知識だけでは現物を目の前にしても判断しにくいのです。安価で買えるものなので、サンプルとしていくつか購入して、実際に観察しておくことをおすすめします。

国内で買ったルースであれば、処理石やニセモノが混ざることは少ない（ゼロではない）と思いますが、海外で買う場合は処理石やニセモノをつかまされるリスクがあるので、十分に知っておく必要があるのです。

●海外買い付けの必需品

海外でルースを探すのであれば、マスターストーンと手持ちの照明器具を持っていくことをおすすめします。

マスターストーンとは、簡単にいえば比較のためのサンプルとなるルースです（第4章参照）。たとえば、ルースの色の見え方が国内と違うことがあります。屋内での購入なら日本と大きな差はありませんが、露天でやり取りする場合には、紫外線量の違う日本に持ち帰ったとき、購入時と色がまったく違ってしまう可能性があります。そ

上／ 9-5：鉛ガラスが充填されたルビーに典型的なフラクチャー
下／ 9-6：合成ルビーに典型的なレコードの溝のような成長線

の点、すでに色をよく知っているマスターストーンがあれば、その色味の変化と比較して判断することができます。帰国してから後悔することを避けるためにも、マスターストーンの持ち歩きを推奨します。

ただし、マスターストーンをルースのままで持ち歩くと、店先で商品と間違えられたり、出入国時にあらぬ疑いをかけられたり、面倒なことになる可能性があるので、アクセサリーに仕立てて持ち運びます。第4章で述べたように、最近は手持ちのルースを入れてアクセサリーにできるリングやペンダントヘッドなどの便利なグッズが販売されています。マスターストーンを持ちこむためにこのグッズを買う人はほとんどいないでしょうが、これがあると便利です。

また、室内でやりとりする場合にはペンライトやハンディデイライトなど手持ちの照明器具を準備しておくと重宝します。国内のミネラルショーと同じように色のチェックで必要になります。

●合成石がない宝石にも要注意

ルビーやサファイアなら合成石があるけれど、トルマリンやガーネットには合成石がないから安心して買える？ そんなことはありません。いわゆるニセモノと呼ばれるものは合成石だけではありません。類似石、模造石、人造石など多彩です。貼り合わせなどもあります（第5章参照）。たとえば、タイのマーケットで買ったアクアマリンを模したガラスを見せてもらったことがあります。

このように、海外のマーケットでは、品質を見極めたり、売り文句にだまされたりしないよう、国内以上に慎重な姿勢が必要です。

3　バンコクに行ってみよう

海外旅行の初心者でも気軽に行けるマーケットといえば、タイのバンコクでしょう。日本からの直行便も多く、何かと便利です。ここ数年は人が増えすぎて息苦しい感じもありますが、ルースコレクターなら一度は足を運びたい場所です。初めて海外のマーケットを体験するならバンコクがおすすめです。

タイは世界有数の集積地で、各地から宝石が持ち込まれます。タイ国内や隣国ミャンマーに限らず、アフリカや西南アジアのルースも多く取引されています。品質や価格はさまざまで注意も必要ですが、雰囲気を味わうだけでも十分に楽しめます。

タイ国内の各地にマーケットはありますが、なかでもバンコクはアクセスがよいので、初めて渡航するのであればバンコクからスタートするのが無難です。バンコク以外の場所はバスや鉄道でさらに移動するか、タクシーをチャーターするか、買い付けのガイドを利用する必要があります。

●バンコクでの買い物スポット

バンコクで宝石が集まっているのはシーロムと呼ばれるエリアです。ただし注意する必要があるのは、宝石店が集中しているのはＭＲＴ（地下鉄）のシーロム駅周辺ではないということです。シーロム駅で降りても宝石店は見つかりません。

宝石店の立ち並ぶエリアはＢＴＳ（スカイトレイン）シーロム線のスラサック駅周辺です。うっかりＭＲＴシーロム駅で降りたときは、近くにあるサラデーン駅からＢＴＳに乗り換えましょう。

シーロム駅からでも、徒歩20分ほどシーロム通りを西に向かえば買い物エリアにたどり着きます。その途中に宝石博物館（Gem and Jewelry Museum）の看板が見えますが、買い物エリアはまだ先です。ちなみに、この博物館には、トリップアドバイザー（Trip Advisor）などの口コミがひどかったので、私は中に入ったことはありません。たぶん我慢して西に進むほうが幸せなんだと思います。

●ＪＴＣで買い付けよう

スラサック駅に着いたらまず足を運びたいのは、駅の北側にある**ＪＴＣ**というビルです。おそらくここがシーロムエリアで最も入りやすい買い付け場所でしょう。

一般客の入れるエリアは地下から地上4階までですが、ビル内に宝石店がひしめき合っているので、じっくりみればここだけでも1日では足りません。ツーリスト歓迎とわざわざ札をかけているお店もありますが、私が出入りした限りでは、業者かどうかを確認されたこともありません。

ＪＴＣは目印になりますが、周辺にも多くの宝石店が軒を連ねています。ＪＴＣからシーロム通りを西へ向かうと、高架道路の下にも所狭しと店があり、さらに西へ進んだところにも宝石店が続いています。またＪＴＣの北西には、ＪＴＣとならんで有名な買い付けスポットの**ジェムタワー**（Gems Tower）があります。この付近にもお店が多いので、余裕があればこれらの場所にも足を運びたいものです。

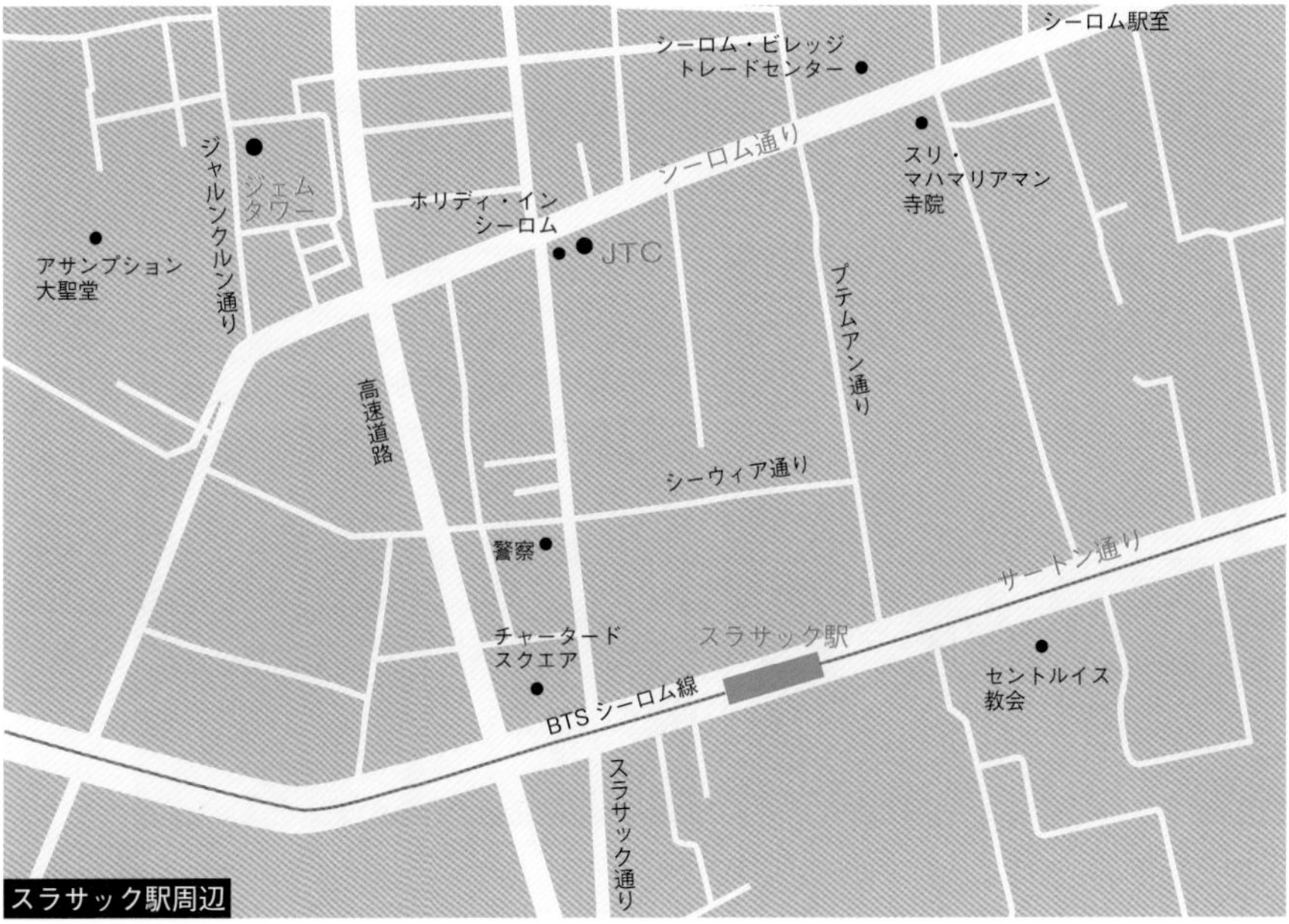

●バンコク買い付けの注意点

バンコクで買い付けをする場所は**卸売メインのマーケット**です。年中無休ではなく週末などは休んでいるところがほとんどです。スケジュールを考えるときには、この点に注意が必要です。

また、タイの通貨はバーツですが、宝石店はアメリカドル（USD）の決済が多いです。周辺のATMはバーツしか出てこないので（USDの引き出せるATMが見つけられなかった）、ルースを買う目的があるなら、あらかじめUSDを用意しておくといいかもしれません。もちろんバーツでも取引できます。基本的には現金決済です。

●バンコク買い付けの成果

わざわざバンコクまで行って、どのようなルースを見つけることができるのでしょうか。たとえば、写真のようなアパタイトやガーネットです【9-7、8】。マダガスカル産のパライバカラーのアパタイトはある程度出回っているようですが、この大きさのネオンブルーのルースを国内のミネラルショーで見ることはありません。

もちろん希少品だけでなく、お手頃価格のルースもたくさんあります。また、ケースに入った商品だけでなく、ロットからルースを選び出す作業に夢中になるのも悪くないと思います。

30kgの原石が入ったバケツから選び出すことができる

宝石店が多く入るJTC

右／ 9-7：マダガスカルのアパタイト（Madagascar, 左：2.68ct, 右：2.86ct）
左／ 9-8：モゴクのスペサルタイト・ガーネット（Mogok, Burma, 3.41ct）

●バンコクまでの諸経費

日本国内からバンコクへはLCCを含めて直行便が多数就航しています。FSCの場合、ゴールデンウィークなどのハイシーズンではエコノミークラスでも往復20万円以上になりますが、通常は往復6万円程度です。LCCを使えば往復3万円以下で渡航することも可能です。また、深夜便が出ているので0泊3日という買い付け弾丸ツアーも可能です（ただ、深夜便は人気があるので航空券は少し高くなります）。宿泊は安宿から高級ホテルまで幅広くあり、旅の予算に合わせて選べます。

バンコクは人気の観光地なのでパッケージツアーを利用するという方法もあります。個人で手配するよりも安く渡航できることがあるようです。

4　ミュンヘンショーに行ってみよう

毎年10月にはドイツ南部の中心都市ミュンヘンでミネラルショーが開催されます。ミュンヘンショーはアメリカのツーソン、フランスのサン＝マリとならんで世界三大ミネラルショーのひとつにあげられる、世界有数の大規模なミネラルショーです。

なかでもミュンヘンショーは会場がコンパクトにまとまっており、ほかのミネラルショーとくらべてアクセスが容易なので、旅行のついでに気軽に楽しめます。

アメリカのツーソンショーは会場を回るのにレンタカーやタクシーが必要になり、宿泊の手配も何かと面倒で、これといって周辺に観光スポットもないので、業者はともかく個人のコレクターが気軽に訪れる場所ではないと思います。

一方、ミュンヘンには、仕掛け時計のある有名な市庁舎や、ピナコテークをはじめとする有名な美術館・博物館、劇場やお城などがあります。公共交通機関が整備されているので観光も楽しめます。

●ミュンヘンショーへの行き方

会場へは、市街から地下鉄（U-Bahn）で移動します。U2線のメッセシュタット・オスト（Messestadt Ost）行きに乗って終点（同名の駅）で降ります。終点で降りればよいので列車の方向さえ間違えなければ迷うことはありません。駅と会場は直結しており、人の流れがあるので迷わず行けると思います。

●ミュンヘンショーの回り方

ミュンヘンショーには4つのフロアがあります。そのうちの1フロアが**Gem World**（宝石エリア）となっており、ここにルースを扱うブースが集中しています。ほかのエリアではおもに鉱物を扱っていますが、ルースを扱う業者のブースもそこそこあるので、Gem World以外のフロアもかならず回ることをおすすめします。

一般のコレクターが入場できるのは2日間ですが、その前に準備日と業者専用の日があるので、個人コレクターが入れるのはショーの後半2

右／ミュンヘンショーの会場の様子（2019年）
左／この駅を目指そう

日間ということになります。

また、ミュンヘンショーにもアジアの業者のブースはありますが、アジアの業者のルースは日本のミネラルショーでも見ることができます。せっかくミュンヘンまで足を運ぶなら、Gem Worldからスタートして、日本ではなかなか見ることのできない高品質のカットのルースを扱うヨーロッパの業者を中心に回るのがいいと思います。

●軍資金の用意

基本的には現地通貨であるユーロの現金でやりとりします。クレジットカードの使えるところは限られています。かといって、ミュンヘンショーでは会場内でのＡＴＭダッシュは避けましょう。駅やホテルなど街中のＡＴＭと会場内（出入口付近）のＡＴＭでは、明らかにレートが違います。私が知る限り、１ユーロ当たり20円も高く設定されていました（２０１９年の10月のレートは関西国際空港で１２４円、ミュンヘンショー会場で１４３円）。わざわざミュンヘンまで来ているのですから軍資金を惜しむことはしたくない気持ちもわかりますが、会場入りする前に両替をすませて少しでもロスを減らす努力が必要です。

●日本のミネラルショーとの違い

ミュンヘンショーで何といっても魅力的なのは、日本ではなかなか見ることのできないカットのルースを見かけることです。丁寧にカットされたルースが目立つのは、日本との大きな違いです。日本では、貴石は歩留まりを重視しすぎるためカットが甘くなりがちですし、半貴石はさほど丁寧に扱われることがありません。

Gem Worldには商品だけでなくルースの特別展示があり【9-8】、半貴石のイメージを変えるような高品質なルースが並べられています。ミュンヘンショーに参戦して、原石を活かすという意識が日本と欧米で大きく隔たっていると感じました。国内のミネラルショーでも高品質のカットのルースが見られるようになることを願うばかり

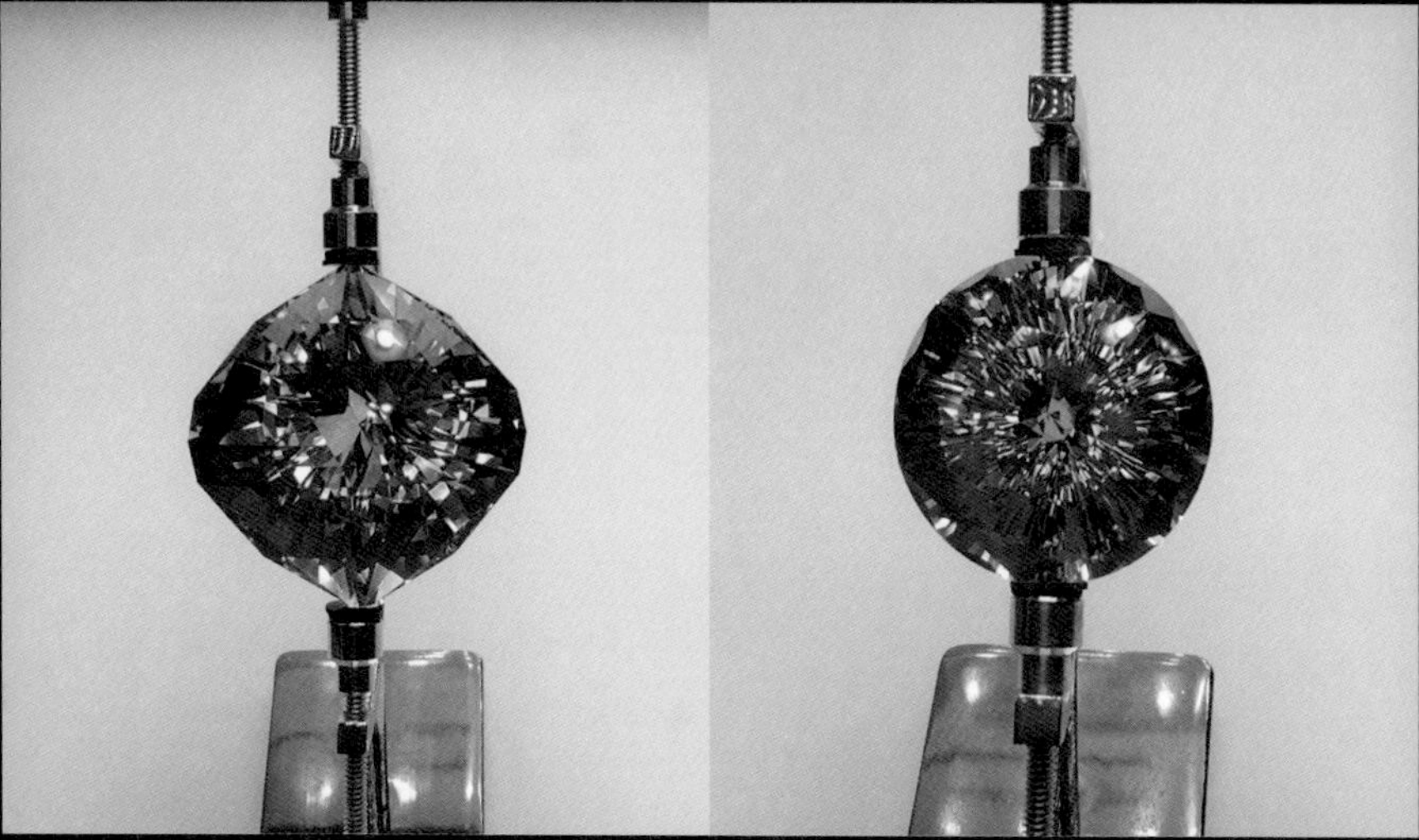

上／9-8：ミュンヘンショーの展示。Victor Tuzlukov “World Heritage Project” より “Fragility of the Eternal”（右）と “Heart and Essence”（左）
下／9-9：カッティングの施されたフローライト（右）（Boyacá Department, Colombia, 11.18ct）とア

です。

●ミュンヘンショーの成果

ミュンヘンショーで私が買い付けたルースは、丁寧にカットされたハイドログロッシュラー、オレゴンサンストーン、アメシスト、フローライトなどです【9-9】。このようなルースを日本のミネラルショーでみることは、まずありません。ミュンヘンに行ってよかったと感じられるものです。

●ミュンヘンまでの諸費用

ミュンヘンショーまでの渡航費用は、航空券がシンガポール航空のエコノミークラスで約9万円、ホテルが四つ星5泊で約4万5千円、その他モバイルルータのレンタルや現地での交通費などを含めておおよそ15万円くらいでした（2019年、関西国際空港出発の例）。

中華系の航空会社を利用し、ホテルのグレードを下げ、格安SIMカードを購入すれば、5万円程度の節約が可能です。オクトーバー・フェスト後のオフシーズン価格で航空券とホテルが手配できるのは魅力的です。

5　海外で買い付けするときの注意点

このように、海外でのルース探しには、海外ならではの楽しみがあります。ただ、本章のはじめに触れたように、安い石にはそれなりの理由があると考えて用心が必要です。とくに、気軽に渡航できる東南アジアのマーケットは要注意です。

●産地不明のルース

産地が記載されていないルースはめずらしくありません。かといって、業者にたずねても詳細は不明なままというこ とがしばしばあります。正直に「わからない」と言われるほうがいいのですが、適当な産地を答えてくる業者がいます。また、明らかにおかしな産地のラベルが目立つ業者も要注意です。

とはいえ、鉱物と違ってルースは産地不明でも構いませんから、美しさを重視して産地をさほど気にしないコレクターにとっては、さしたる問題でもなく、安く手に入るならお買い得といえるかもしれません。

●処理の不明なルース

ルースには処理がつきものです。無処理のルースは少ないのです。なかでも注意しなくてはいけないのは、人気の高いコランダムの拡散処理とガラス充填処理です。ある程度はルーペで判断できることもありますが、プロの業者ですらだまされることがあると聞きます。

現地でやりとりしていると、熱処理を行っているかどうかの答えはたいてい返ってきます。しかし、それ以外の処理については、こちらが問い詰めても返答のないことがあります。

なかには加熱（heated）という単語は知っているのに、ガラス充填（glass filled）や拡散（diffusion treatment）という単語を知らない店員もいます。おそらく、拡散処理もガラス充填処理も、天然の素材に対して処理しているだけなので、彼らにとってはあくまで「天然のルース」なのでしょう。私はこれを価値観の違いだと割り切っています。

不安なら買わなければいいだけです。処理が不明で説明が不十分な相手であれば、私は買いません。こちらの価値観を信じればいいのです。

●ニセモノかもしれないルース

渡航前の注意にも書きましたが、ニセモノが紛れ込むケースが多々あります。土産物扱いのルースはもちろんですが、あきらかに合成石でしか存在しない色のルースが、天然のルースとして紛れ込んでいることがあったりします。ですから、たとえ海外であっても不当に安いものは疑い、少しでも不安要素があれば、そのルースは見送りましょう。

6 海外の宝石探しでわかること

バンコクのマーケットは日本から業者が買い付けに行く場所です。ミュンヘンショーそのものは普通のミネラルショーですから小売ですが、ここも仕入れの場所と見なされています。そういった場所にコレクターがわざわざ出かけるには相応の負担がかかります。

具体的には、渡航や滞在中の費用だけでなく、自分で真贋を見極めなければならないというリスクです。プロからも買い付けの失敗談を聞かされることはあります。

ですから、コレクションの買い付けは、これらのリスクを請け負ってくれる業者に任せるのもひとつのやり方だと思います。それでも国内に出回るルースばかりでは物足りないと思ったら、リスクを承知の上で、思い切って海外に行ってみればいいのではないでしょうか。

第10章 コレクションを整理しよう

ルースが増えてくると、もうこれはいらないかなと感じるものが出てきます。大物を狙って軍資金を稼ぐために手持ちのルースを整理しようと思うこともあるかもしれません。そんなときに使える方法を紹介します。

ルースのコレクションを放出するなら、オフラインでは**イベントへの出展**、オンラインでは**ネットオークション**と**フリマアプリ**がメジャーな方法です。

なお、ルースを売るとそれなりの金額になる可能性があります。所得が一定金額を超えると**確定申告**が必要ですので、お忘れなく。

1 イベントへの出展

一気に多くのルースを売りさばくのであれば、イベントへの出展がよいでしょう。いままで通っていたミネラルショーのお客様だったコレクターが、今度はブースの中の人になるというわけです。アマチュアのコレクターでも出展できるイベントはいくつかあるようですが、ＳＮＳで話題になるのは石フリマ（33頁参照）でしょうか。

参加するには既定の**出展料**が必要になるほか、出展までに全商品の**ラベルを作成**し、**梱包資材、照明器具**や**お釣り銭**など何かと準備が必要になります。また、当日はお客様とのやりとりや、かさばる荷物の搬入・搬出に思いのほか苦労することがあるかもしれません。そして、事前に出展することや販売予定の石を**ＳＮＳで宣伝**しておくのも必須です。

コレクター参加型のイベントであっても最近は規模が拡大しつつあり、一般の業者も出展の常連になり、ちょっとしたミネラルショーのような雰囲気になっています（そもそも個人コレクターが毎回出展するのは困難です）。そのため競争相手が増えているのでしょうか、十分な客単価を確保するためには、事前に対策を練る必要があるように思います。

私は名古屋の石フリマに何度か参加したことがあります。新幹線で往復し、ホテルに泊まって、友達と名古屋飯を食べるだけの稼ぎはありました。しかしここしばらくは売り上げが下がり、放出するものがなくなってきたので、売り子の手伝いをしながら楽しんでいます。

2　ネットオークションとフリマアプリ

どちらも手軽でプロアマ問わず使っているやり方です。オンラインであっても、ある程度の準備は必要です。ルースの**写真を撮影**し、**商品説明の文章を考え**、必要があればキャッチコピーを考え、**注文が入れば入金の確認、梱包、発送**など、それなりにタスクは多いです。場合によっては、**質問やクレーム、返品希望の対応**も発生します。

私も本書の執筆をきっかけに会社の冬休みを利用してネット販売を試してみましたが、思いのほか時間がとられるもので、予想以上に手間のかかる方法でした。そうはいっても、それなりに軍資金が稼げるものでびっくりしました。合間をみつけて、次なるコレクションのための軍資金をネット販売で稼いでいる人がいるのは納得です。

3　石会でトレード

コスパ最高の放出方法は石会（第8章参照）でやりとりすることではないでしょうか。ルースと現金を交換するだけで、梱包やら発送やら、余計な作業は必要ありません。SNSで呼びかけるなどすれば、すぐに交換会はセッティングできます。このときに注意することといえば、相手の放出品を買わないように我慢することくらいでしょうか。

4　放出する前に要鑑別

第6章で説明したように、自分のコレクションに合成石などのニセモノやラベルに記載のない処理石がまぎれこんでいる可能性は否定できません。トラブルを避けるためにも**事前に鑑別機関に持ち込んでチェック**しておくのが望ましいです。鑑別の費用はルースの価格に上乗せするのが一般的な対応です。

おわりに

宝石に関する本がすでに数多く存在する中で新たな宝石の本を執筆するにあたり、何か特徴のあるものを作るということが重要であると考えました。それと同時に、オリジナリティを追及するあまり、宝石を楽しむという眼目からかけ離れたものになってはいけないということも意識したつもりです。そこで冒頭でも述べたように、ルースを扱う本は図鑑しかないことから、ハウツー本という形でまとめることを選びました。

本書は、おもにルースを集め始めたばかりの人や、鉱物は集めているけどルースはちょっと手が出しづらいといった人をターゲットにまとめたものです。そういった方々に少しでもルースのことを面白いと感じていただければ望外の僥倖です。

また本書はハウツー本であるがゆえに実践的な内容となっています。そのため、読者の方々が本書をどのように活用したかをふまえ、より多くの意見を反映しつつ、柔軟に対応することが今後の課題となるでしょう。

その一方で、不易流行の不易の部分があまりに忽略になっている現状も勘考しなくてはなりません。インターネットの浸透によりルース業界への参入障壁が低くなりました。くわえて、コロナ禍のため販売方法やミネラルショー、そして、コレクター同士のコミュニケーションなどにおいて流動的な要素が多く、現在ルース界隈は過渡期にあります。こういったことから、本書の執筆にあたり参考文献の存在しない局勢で、ルースに対する操守を明文化できたことは何より大きな成果であったと私は考えます。

執筆にあたり多くの方にご協力いただきました。原稿を通読しアドバイスしてくださったK先生（GIA.G.G.）、わいたろうさん、扉と章タイトル部のイラストをご担当いただいたいけやま。さん、資料をご提供くださったSさん、Mさんをはじめ、すべての協力者を記載することはできませんが、協力してくださった多くの方々にも感謝の意を表します。

最後に、私のわがままに辛抱強くお付き合いいただき、サポートしてくださった創元社の小野紗也香氏にも厚く御礼申し上げます。

なかがわ

2020年10月

ルースコレクターのための情報源

本書の目的は宝石そのものの知識を増やすことではありません。そこで、以下の文献を読むことで、宝石の知識を増やすことをおすすめします。ところが、日本語の文献は少なく図鑑や事典ばかりです。しかも、タイトルを見つけてもほとんど絶版です。なかには良書もあるので中古での入手も検討してください。

■図鑑・事典

- **諏訪恭一『価値がわかる宝石図鑑』** ナツメ社、2015年
- **飯田孝一『クリエーターの為の宝石事典』** 亥辰舎、2020年
- **阿依アヒマディ『アヒマディ博士の宝石学』** アーク出版、2019年

上記3点は現在（2020年10月）入手可能なものです。1点目はジュエリー視点、2点目は科学的なことに限定せず神話や伝説を含むもの、3点目はフィールドワークや鉱山の様子も伝える科学的な視点という違いがあります。

■読み物

- **ハート、マシュー・鬼澤忍訳『ダイヤモンド』** 早川書房、2002年

ダイヤモンドがコレクターの手元に届くまでにどのような工程があり、どのような人々が関わっているかをドラマチックに描いています。中古のみ入手可能です。

- **奥山康子『青いガーネットの秘密』** 誠文堂新光社、2007年

青いガーネットの存在について科学的に解説した良書。宝石のことにかんする科学的な平易な説明が役に立ちます。中古のみ入手可能です。

■写真集

- **de Goutière, Anthony, *Wonders within Gemstones II*,** Friesen Press, Victoria, 2014.

ルースのインクルージョンの美しい写真集。英語が分からなくとも写真を見るだけで十分に本書を堪能することができます。

■ウェブサイト

- **GIA**（https://www.gia.edu）

最新の知見が知りたければここにアクセスすべし。最先端の研究や多くの論文が集約されています。ただし、すべてのページが日本語に対応しているわけではないのが残念。

- **空想の宝石結晶博物館**（https://gemhall.sakura.ne.jp/index.html）

日本語のウェブサイトでは宝石にかんする情報がもっとも充実していると思います。以前から存在するのでやや古い情報も散見されますが、科学的な内容も含めてとても役に立ちます。

〈著者〉なかがわ
1977年、京都市生まれ。東北大学大学院文学研究科博士課程前期修了。シンクタンク研究員、広告代理店のアナリストなどを経て、現在、出版社の編集部に在籍。小学生のときに図鑑の写真を見て宝石に目覚める。大学院生のとき本格的にルースを集め始め、時間があれば宝石を求め海外へ飛び立つ。

宝石《ほうせき》を楽《たの》しむ　ルースコレクターズ・マニュアル

2020年11月30日　第1版第1刷　発行

著　者　なかがわ
発行者　矢部敬一
発行所　株式会社　創元社
https://www.sogensha.co.jp/
本　社　〒541-0047 大阪市中央区淡路町4-3-6
Tel. 06-6231-9010 Fax.06-6233-3111
東京支店　〒101-0051 東京都千代田区神田神保町1-2 田辺ビル
Tel.03-6811-0662
印刷所　株式会社ムーブ

ISBN978-4-422-44024-8 C0044